数学大师的逻辑课

蒙特卡洛的密码锁

环环相扣的逻辑谜题

[美] 雷蒙德·M. 斯穆里安　著

胡义昭　译

 上海科技教育出版社

图书在版编目(CIP)数据

蒙特卡洛的密码锁:环环相扣的逻辑谜题/(美)雷蒙德·M. 斯穆里安著;胡义昭译. —上海:上海科技教育出版社,2024.4

(数学大师的逻辑课)

书名原文:The Lady or the Tiger?

ISBN 978-7-5428-8115-1

Ⅰ.①蒙⋯　Ⅱ.①雷⋯　②胡⋯　Ⅲ.①逻辑推理–通俗读物　Ⅳ.①O141–49

中国国家版本馆CIP数据核字(2024)第010167号

责任编辑　郑丁葳
封面设计　李梦雪

数学大师的逻辑课

蒙特卡洛的密码锁
——环环相扣的逻辑谜题

[美]雷蒙德·M. 斯穆里安(Raymond M. Smullyan)　著
胡义昭　译

出版发行　上海科技教育出版社有限公司
　　　　　　(上海市闵行区号景路159弄A座8楼　邮政编码201101)

网　　址	www.sste.com　www.ewen.co	
经　　销	各地新华书店	
印　　刷	上海商务联西印刷有限公司	
开　　本	720×1000　1/16	
印　　张	12.5	
版　　次	2024年4月第1版	
印　　次	2024年4月第1次印刷	
书　　号	ISBN 978-7-5428-8115-1/O·1198	
图　　字	09-2021-0931号	
定　　价	48.00元	

◇

内 容 简 介

　　这本书是斯穆里安继《这本书的名字叫什么？》之后的又一本逻辑谜题书，包含一系列赏心悦目的问题，有悖论，有元谜题，有数字练习，有组合型的脑筋急转弯，以及许多其他问题，它们都和当代逻辑和数学理论的重要概念相关。这些谜题的范围广阔，既有简单的"老掉牙的故事"，又有挑战智慧的复杂故事。

　　在这本书的前半部分，一连串令人眼花缭乱的虚构人物，神志健全的和神志错乱的吸血鬼、疯人院医生、梦想者、隐士、国王、骑士以及恶棍轮番登场，他们提出来的问题在难度上不断增加，而给出的信息都是刚好足够让读者解决这些问题。譬如，一个不偏不倚的国王告诉他的犯人很少的事实，那些事实对于一个机智的谜题解答者来说也足够让他在女人和老虎之间选择来赢得自己的自由……某个岛上的居民提出来的问题只能用"是"或者"否"来回答，他们向你提问的时候就是在试图让你猜测出他们期待的答案是哪一个……苏格兰场的克雷格探员被叫到法国去摆平那 11 家出了严重状况的疯人院的时候，发现神志健全者总是做出真实的陈述而神志错乱者总是做出虚假的陈述。

第三部分,"蒙特卡洛的密码锁"是一篇数学小说,也是史上第一篇数学小说。克雷格探员从寻找打开一个保险箱的组合密码这一个实际问题开始,在意外地得到两个朋友和他们的数字机器的帮助的情况下,最后发现自己身处于深不可测的数学深渊之中,而那些深渊最终导向哥德尔关于不可判定性的革命性理论的核心地带。

无论你是聪明灵巧的高中生,还是经验老到的数学家、逻辑学家、理论科学家,还是谜题爱好者,这本书都会为你带来理智的愉悦。

◇

推 荐 评 语

又是一本由最有趣的逻辑学家和集合论专家创作的妙趣横生的问题和
精彩悖论集锦。

——马丁·加德纳

充满机智，富有教益，饱含乐趣。最后一个元谜题，"谁是那个间谍？"可
以说是有史以来设计最为精巧的逻辑谜题，而这本书的最后一节对于哥德
尔著名的不完全定理提供了一个浅显易懂的说明。

——乔治·布洛斯（麻省理工学院哲学教授）

我相信雷·斯穆里安就是我们这个时代的刘易斯·卡罗尔。他的这些逻
辑谜题书将会在我们当中的大多数人都被遗忘很久之后继续为人们所铭
记。现在，他已经抓住了一些难以抓住的、适合现在这个计算时代的材料，
并且在这本书中糅合了愉快的心情以及因发现而生的激动情感。

——彼得·邓宁（普渡大学计算机科学教授）

当你跟随斯穆里安上升到哥德尔的证明那令人眩晕的高度,探讨数学证明的要义,触及逻辑的核心本质的时候,你也许会感觉到一种喜出望外的轻微颤动。

——《柯克斯评论》

斯穆里安并不是一个平凡的谜题专家,他擦亮了古老的老生常谈,变换主题,用一群可爱的角色构建了他的逻辑世界。

——《科学》杂志

前　　言

　　我的第一本谜题书出版之后，收到了为数众多、令人着迷的读者来信，但写信人的名字我一直记不住。其中，有一封信来自一位著名数学家（他曾经是我的同学）的10岁儿子，他也曾如饥似渴地阅读过我的书。那封信里面有一个漂亮的原创谜题，据说创作它的灵感源于我的书里面的一些谜题。我很快给男孩的父亲打了电话，祝贺他有一个聪明的儿子。在叫男孩来接电话之前，这位父亲用柔和的、寻求同谋的语气对我说："他正在读你的书，可喜欢呢！但是你和他通话时，千万不要让他知道他正在读的东西是数学，因为他讨厌数学！如果他知道这本书实际上是数学书，那么他肯定会马上停止读这本书！"

　　我之所以提这件事，是因为它反映了一个最奇怪但也最普遍的现象：我见过许许多多的人声称他们讨厌数学，但是当我把逻辑题或数学题用谜题的形式呈现出来时，他们又会对这些问题产生极其浓厚的兴趣。倘若好的谜题书被认定是治疗所谓"数学焦虑"的最好方法之一，那么我完全不会感到讶异。另外，所有数学专著其实都可以改编成谜题书！我有时候会想，欧几里得要是采用这样的方式来撰写那部经典著作《几何原本》，结果会怎么样？譬如，不是把等腰三角形的底角相等表述为一个定理并且给出证明，而是这样写："问题：假定一个三角形有两边相等，那么是否必定有两个角相等？为什么是，或者为什么不是？"欧几里得的其他定理也这样来处理。那么这本书很可能成为非常受欢迎的一本谜题书！

总的来说,我自己的谜题书往往与众不同,因为我首要关心的是那些跟逻辑和数学当中深刻而重要的结论有重大关联的谜题。因此,我的第一本逻辑书的真正目的,在于让公众粗略了解哥德尔的伟大定理谈论的是什么。你现在拿着的这本书则朝着这个方向进一步推进。我的一门名为"谜题与悖论"的课程就是采用了本书内容。课堂上有个学生对我说:"你知道吗,整本书,特别是第三和第四部分,充满了数学小说的味道。我以前可从来没有看过这样的东西!"

我认为"数学小说"这个词用得特别贴切,这本书的大部分内容确实是以讲故事的方式来写的。本书还有一个相当不错的别名:《蒙特卡洛的密码锁》①,因为书的后半部分讲的是苏格兰场的探员克雷格必须破解蒙特卡洛的一个保险箱的密码,以阻止一场灾难。当克雷格首次开箱失败后,他回到伦敦,在那里偶然结识了一位才华横溢但又古怪的机器发明家。他们和一位数理逻辑学家合作,很快三个人就意识到他们身处一片越来越深的水域,正漂向哥德尔伟大发现的核心。当然,他们最后发现蒙特卡洛锁就是一种伪装的"哥德尔"锁,它的操作方法完美地展现了哥德尔的一种基本思想。这一思想常被用于处理自我增殖这种备受关注的现象。

作为一个值得一提的意外收获,克雷格和他的朋友的研究牵扯出了一些迄今为止公众或者科学团体都未知晓的令人惊奇的数学发现。这些发现就是在本书中首次揭晓的"克雷格定律"和"弗格森定律"。它们对于普通人、逻辑学家、语言学家以及计算机科学家来说应该具有同样的吸引力。

整本书的创作对于我来说充满了乐趣,阅读起来也应该会同样有趣。我正在计划几部后续作品。我再一次想感谢我的编辑克娄斯(Ann Close)及制作编辑罗森塔尔(Melvin Rosethal),感谢他们给予了我很大的帮助。

斯穆里安

纽约艾尔卡公园

1982年2月

---

① 本书原书名为 *The Lady or the Tiger*。——译者

Contents

目　　录

◈ **第一部分　是女人还是老虎 / 001**

　第1章　老掉牙的故事和新编的故事 / 003

　第2章　是女人还是老虎 / 011

　第3章　塔尔博士和费舍尔教授的疯人院 / 022

　第4章　克雷格探员造访特兰西瓦尼亚 / 035

◈ **第二部分　谜题和元谜题 / 049**

　第5章　发问者之岛 / 051

　第6章　梦之小岛 / 063

　第7章　元谜题 / 073

◈ **第三部分　蒙特卡洛的密码锁 / 083**

　第8章　蒙特卡洛的密码锁 / 085

　第9章　一个古怪的数字机器 / 090

　第10章　克雷格定律 / 101

　第11章　弗格森定律 / 115

　第12章　插曲：让我们来推广一下 / 124

　第13章　其中的关键 / 128

❖ **第四部分　可解还是不可解** / 135

第14章　弗格森的逻辑机器 / 137

第15章　可证明性和真句子 / 146

第16章　会自我判断的机器 / 156

第17章　必死数和不朽数 / 168

第18章　永远无法制造出来的机器 / 174

第19章　莱布尼茨的梦想 / 179

第一部分

是女人还是老虎

第1章

老掉牙的故事和新编的故事

我要用一系列五花八门的算术谜题和逻辑谜题作为这本书的开始。其中一些是新谜题,一些是老谜题。

1. 多少钱?

假设你和我有同样多的钱。我必须给你多少钱才能让你比我多10美元?(答案在每章的末尾。)

2. 政客谜题

用某个约定的编号方法来为100个政客编号。每个政客要么是骗子,要么是老实人。已知存在两个事实:

(1)至少有一个政客是老实人。

(2)任意两个政客中,至少有一个是骗子。

你能从上面这两个事实推断出有多少个政客是老实人,有多少个政客是骗子吗?

3. 不太新的瓶子装的老酒

一瓶葡萄酒价值10美元。其中的酒比瓶子贵9美元。瓶子值多少钱?

4. 利润是多少?

这个谜题的迷人之处在于,人们似乎总是要在答案上争执不休。是的,不同的人运用不同的方法来解决问题,然后得出不同的答案,并且每个人都坚称自己的答案是正确的。这个谜题是：

一个经销商花7美元买了一件物品，以8美元把它卖掉，再花9美元把它买回来，然后以10美元把它卖掉。他赚了多少钱？

5. 10只宠物的问题

这个谜题的意义在于，虽然它可以用初等代数轻易地解决，但也可以完全不用任何代数，只是用普通的常识来解决。另外，从我的判断来看，常识解法要比代数解法更有趣且信息量更大，也肯定更具创造性。

要把56块饼干分给10只宠物，这些宠物不是狗就是猫。每只狗要分得6块饼干，每只猫要分得5块。有多少只狗和多少只猫呢？

熟悉代数的读者可以马上给出答案。这个问题还可以用试错法一步一步加以解决：猫的数目从0到10，有11种可能，所以我们就可以尝试每种可能，直到找到正确答案。但是如果你在恰当的引导下审视这个问题，那么你就会发现有一种出奇简单的解法，既不需要代数也不需要试错。所以，即便你已经通过自己的方法得到了答案，我仍然强烈建议你参考一下我给出的解法。

6. 大鸟和小鸟

这里有另一个既可以用代数又可以用常识解决的谜题，我还是偏向于采用常识解法。

某个宠物店出售大鸟和小鸟，每只大鸟的价格是小鸟的2倍。一位女士进去买了5只大鸟和3只小鸟。如果她只买了3只大鸟和5只小鸟，她就可以少花20美元。请问每只小鸟的价格是多少？

7. 心不在焉的代价

下面的故事居然是真的：

众所周知，在23人中，至少两个人生日相同的可能性大于50%。有一次，我给普林斯顿的本科生上数学课，在讨论初等概率论的问题时，我对学生解释说，如果把23人换成30人，那么至少两个人生日相同的概率将会变得非常高。

"现在,"我继续说,"由于我们班只有19个学生,那么你们当中两个人生日相同的可能性就会远低于50%。"

这时一个学生举起手说:"我要和你打赌,我们当中至少有两个人生日相同。"

"对我来说接受这个打赌不太合适,"我回答道,"因为我的胜算比较大。"

"我不管,"那个学生说,"我无论如何都要和你打这个赌!"

考虑到正好可以给他好好地上一课,我就说:"好吧。"然后我让学生们一个接一个地报出他们的生日,可是差不多进行到一半的时候,我和全班的学生都为我的愚蠢大笑起来。

那个如此自信地打赌的男孩除了他自己,并不知道在场其他人的生日。你能猜出他为什么如此自信吗?

8. 共和党员和民主党员

有一个组织,其中的成员要么是共和党员,要么是民主党员。有一天,某个民主党员决定加入共和党,在他转党之后,共和党员和民主党员的人数就一样多了。若干星期后,这个新共和党员又决定转回民主党员,因此一切又恢复到原来的样子。后来另一个共和党员转为民主党员,至此民主党员的人数是共和党员人数的2倍。

这个组织一共有多少成员?

9. 一个新的"彩帽"问题

三名受试者 A,B,C 都是很优秀的逻辑推理者。他们都能够根据任意条件迅速地推导出对应的结果。每个人也都知道其他两个人是很优秀的逻辑推理者。给他们看7枚邮票:2枚红色的、2枚黄色的、3枚绿色的。然后给他们都戴上眼罩,并在每个人的前额贴上一枚邮票,剩下的邮票则放到一个抽屉里。当把他们的眼罩都摘掉后,有人问 A:"你知道你额头上的邮票肯定不是某种颜色吗?"A 回答:"不知道。"然后问 B 同样的问题,B 也回答:"不知道。"

从这些信息可以推断出 A、B 或 C 额头上的邮票的颜色吗?

10. 为那些懂得国际象棋规则的人设计的问题

我想请你们注意一种令人着迷的国际象棋问题,它不是那种让白棋执先然后在若干步内将死对方的常规问题,而是对一盘棋进行复盘:现在的布局是如何形成的。

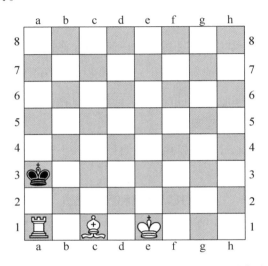

对于这种类型的问题,苏格兰场的探员克雷格和夏洛克·福尔摩斯有着一样浓厚的兴趣。有一次,他们和一个朋友走进一家国际象棋俱乐部,在那里面他们发现了一盘残局。

那个朋友说:"无论是谁下的这盘棋,他们肯定不懂国际象棋的规则。按照国际象棋规则,这样的布局是完全不可能的。"

"为什么呢?"克雷格问道。

那个朋友回答说:"因为黑棋现在同时被白车和白象将军。白棋怎么可能走出这样的将军布局呢? 如果刚刚移动的是白车,那么黑王之前就被白象给将军了,如果刚刚移动了白象,那么黑王之前就被白车给将军了。所以你看,这种布局是不可能的。"

克雷格研究了这个布局一会儿,然后说:"并非如此,这个布局虽然极为怪异,但依然是国际象棋的一种合理布局。"

克雷格是完全正确的！尽管看起来不太可能,但这种布局确实是可能的,而且我们还可以由此推断出白棋刚才最后一步走的是什么。最后一步是什么呢?

解答

1. 常见的一个错误答案是10美元。现在,假设我们每人各有50美元。如果我给你10美元,那么你就有60美元,而我只有40美元。这样你就会比我多20美元,而不是10美元。

正确的答案是5美元。

2. 一个相当常见的答案是"50个老实人和50个骗子"。另一个比较常见的答案是"51个老实人和49个骗子"。两个答案都是错的！现在让我们看看如何找到正确的答案。

假设至少有一个人是老实人。让我们从中任意挑选一个老实人,他的名字叫弗兰克。现在从剩下的99人中挑出任意一个人,叫约翰。根据第二个已知事实,弗兰克和约翰这两个人中至少有一个是骗子。既然弗兰克不是骗子,那么那个骗子就是约翰。既然约翰代表剩下的99个人中的任意一个人,那么这99个人中的每个人都是骗子。所以答案是1个老实人和99个骗子。

另一个证明方法是这样的:"给定任意两人,至少有一个是骗子"这个陈述实际上说的是"给定任意两个人,他们并不都是老实人",换句话说,没有两个人是老实人。这意味着至多有一个人是老实人。而根据第一个事实,至少有一个人是老实人。因此只有一个人是老实人。

你更喜欢哪种证明呢?

3. 常见的错误答案是1美元。现在,如果瓶子真的值1美元,那么酒就会因为比瓶子贵9美元而价值10美元了。因此酒和瓶子加起来就会值11美元。正确的答案是瓶子值0.5美元,而酒值9.5美元。这样两者加起来才是10美元。

4. 有一种计算过程是这样的：经销商7美元买来物品，然后以8美元把它卖掉，他赚了1美元。而以8美元卖掉之后，又以9美元把它买回来，他损失了1美元，所以到此为止他不赔不赚。但是他接着以10美元的价格卖掉他花9美元买来的物品，他又赚了1美元。因此他的总利润是1美元。

另一种算法甚至得出那个经销商不赚不赔的结论：他花7美元买来物品后，以8美元把它卖掉，他赚了1美元。但是他后来花9美元把他自己当初花7美元买来的物品买回来时，他损失了2美元，所以到此他亏了1美元。后来他把自己最后付了9美元的物品以10美元卖掉，挣回来1美元，因此最终他不赔不赚。

这两种计算方法都是错误的，正确的答案是那个经销商赚了2美元。有几种方法可以得出这个结论，其中一种方法如下：首先，在以8美元卖掉他花7美元买的物品之后，显然他赚了1美元。现在假设他不是花9美元买回同一件物品然后以10美元卖掉，而是花9美元买了另一件物品并以10美元卖掉。从纯经济学观点来看这会有什么本质的不同吗？当然不会！他显然会在第二件物品的买卖中再赚1美元。因此，他总共赚了2美元。

另一个证明非常简单：经销商的总支出是7美元＋9美元=16美元，而他的总收入是8美元＋10美元=18美元，由此得出获得2美元的利润。

对于那些无法信服上面这两个论证的人来说，让我们和他们一起假设那个经销商在那天刚开始的时候有一定数量的资金，比如说100美元，并且只进行了那四笔交易。那么在那天结束的时候他有多少钱呢？首先他支付7美元买那件物品，剩下93美元。然后他以8美元把那件物品卖掉，账户余额增至101美元。接下来他花9美元把那件物品买回来，账户余额跌落到92美元。最后他以10美元卖掉那件物品，所以他以100美元开始一天，以102美元结束一天。那么他的利润怎么可能不是2美元？

5. 我心仪的解答是这样的：首先喂那10只宠物各5块饼干，这样只剩下6块饼干。现在，猫已经吃了它们的份额了！因此，剩下的6块饼干是给狗的,既然每只狗要再得到1块饼干,那么就必定有6只狗,因而有4只猫。

当然,我们可以检验这个解答。6只狗每只得到6块饼干就需要36块饼干,4只猫每只得到5块饼干就需要20块饼干。36+20=56,正好吻合题目。

6. 既然1只大鸟等价于2只小鸟,那么5只大鸟就等价于10只小鸟。那么5只大鸟加3只小鸟就等价于13只小鸟。另一方面,3只大鸟加5只小鸟就等价于11只小鸟。所以买5只大鸟加3只小鸟与买3只大鸟加5只小鸟的差价就等同于买13只小鸟与买11只小鸟的差价,也就是相差2只小鸟。我们知道两者的价格差是20美元。所以2只小鸟价值20美元,这也就意味着1只小鸟价值10美元。

让我们来检验一下。1只小鸟价值10美元,而1只大鸟价值20美元。所以,那位女士买5只大鸟和3只小鸟共花130美元。如果她买3只大鸟和5只小鸟,就会花110美元,确定少花了20美元。

7. 在我接受那个学生的打赌时,全然忘记了在座的学生当中有两个总是挨着坐的学生是双胞胎。

8. 有12名成员:7名民主党员和5名共和党员。

9. 唯一能够确定的是C的邮票颜色。如果C的邮票是红色的,那么B就会通过下面的推理知道自己的邮票不是红色的:"如果我的邮票也是红色的,那么A看见两张红色的邮票,就会知道他的邮票不是红色的。但是A不知道他的邮票不是红色的。所以,我的邮票不可能是红色的。"

这证明,如果C的邮票是红色的,那么B就会知道自己的邮票不是红色的。但是B不知道自己的邮票不是红色的,因此C的邮票不可能是红色的。

同理可证,C的邮票也不可能是黄色的。因此,C的邮票必定是绿色的。

10. 给出的条件中并没有告诉我们棋盘的哪边是白棋,哪边是黑棋。这很容易让人以为白棋正在向上移动,倘若果真如此,那么这个布局就是不可能的! 事实是,白棋必定正在向下移动,在最后一步之前的布局是这样的:

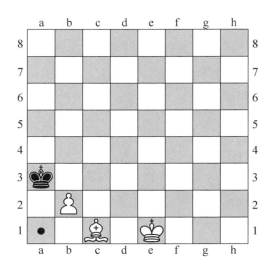

左下角的那个格子上的圆圈代表某个黑子（可能是后、车、象、马之一，但无法得知究竟是哪个）。然后白兵吃掉那个黑子，升变为车，这样就成了现在的布局。

当然，有人可能会问："为什么白兵升变为车而不是后呢？这不是非常离谱吗?"对此的回答是，这种升变确实不正常，但是任何其他的最后一步不只是不大可能，而是绝不可能。正如福尔摩斯对华生说的那句格言一样："当我们把绝不可能的因素都排除后，不管剩下的是多么难以置信的事，那就是实情。"

第2章

是女人还是老虎

很多人都熟悉斯托克顿(Frank Stockton)的《是女人还是老虎》。在那个故事中,一个犯人必须在两间屋子之间作出选择,一间屋子里只有一个女人,另一间屋子里只有一只老虎。如果犯人选择了前者,他就会和那个女人结婚;如果选择后者,他很可能会被那只老虎吃掉。

某个国王也读了这个故事,并且由此产生了一个想法。一天,国王对大臣说:"这真是一个审判犯人的绝佳方法呀! 不过,我不会听任运气来控制这种审判。我将在每间屋子的门上挂上牌子,审判每个犯人时,我都会告诉他关于那些牌子的一些事实。如果犯人够聪明并且能够合乎逻辑地推理,那么他就能保住性命并且赢得一个漂亮的新娘!"

"好主意!"大臣说。

第一天的审判

第一天有三个审判。在每个审判之前,国王都对犯人说:有两间屋子,每一间里面要么是一个女人,要么是一只老虎,并且*有可能两间屋子里面都是老虎*,也*有可能两间屋子里面都是女人*,还*有可能*像故事里那样,一间屋子里有一个女人而另一间屋子里有一只老虎。

1. 第一个审判

犯人问道:"假设两间屋子里都是老虎,那么我该怎么办呢?"

"那是你的运气不好!"国王回答说。

犯人问道:"假设两间屋子里都是女人呢?"

"那很显然,你运气好呀,"国王回答说,"你一定也猜到了我会如此回答吧!"

"哦,假设一间屋子里有一个女人而另一间屋子里有一只老虎,那么会怎么样呢?"犯人问道。

"那就看你选择哪一间屋子了,不是吗?"

犯人问道:"我怎么知道选择哪一间呢?"

国王把手指向两间屋子门上的牌子:

I	II
这间屋子里面有一个女人,并且另一间屋子里面有一只老虎。	两间屋子当中,一间里面有一个女人,并且一间里面有一只老虎。

犯人问道:"牌子上说的都是真的吗?"

"其中一个是真的,"国王回答说,"但是另一个是假的。"

如果你是那个犯人,你将打开哪一扇门呢(当然,假定你更愿意选择女人而不是老虎)?

2. 第二个审判

就这样,第一个犯人保住了他的命并且带着女人离开了。然后门上的牌子被换了,并且相应地安排了两间屋子的新房客。这次两个牌子上是这样写的:

I	II
两间屋子当中至少有一间屋子里面有一个女人。	一只老虎在另一间屋子里面。

第二个犯人问："牌子上的陈述都是真的吗？"

"它们要么都真，要么都假。"国王回答道。

那个犯人应该挑选哪一间屋子呢？

3. 第三个审判

在这个审判中，国王再一次说，牌子上的信息要么都真，要么都假。牌子上是这样写的：

Ⅰ
要么一只老虎在这间屋子里面，要么一个女人在另一间屋子里面。

Ⅱ
一个女人在另一间屋子里面。

第一间屋子里面是一个女人还是一只老虎呢？另外一间屋子呢？

第二天

"昨天太失败了，"国王对大臣说，"三个犯人全都解开了他们的谜题！哦，今天我们有五个审判，我想我要把这五个审判弄得更难一点。"

"好主意！"大臣说。

在这一天的每个审判之前，国王都说：在左手边的屋子（房间Ⅰ）里面，如果是一个女人，那么门上的牌子写的就是真的，但是如果是一只老虎在里面，那么牌子写的就是假的。在右手边的屋子（房间Ⅱ）里面，情况刚好相反：如果一个女人在里面，意味着门上的牌子写的是假的，而如果一只老虎在里面，意味着牌子写的是真的。再说一次，有可能两间屋子里面都是女人，或者两间屋子里面都是老虎，或者一间屋子里有一个女人而另一间屋子里有一只老虎。

4. 第四个审判

国王把上面的规则对犯人解释完之后，又指了指那两个牌子：

I	II
两间屋子里面的都是女人。	两间屋子里面的都是女人。

犯人应该选哪一间屋子呢?

5. 第五个审判

应用相同的规则,而牌子是这样写的:

I	II
至少一间屋子里面有女人。	在另一间屋子里面有一个女人。

6. 第六个审判

国王特别喜欢这个谜题,以及下一个谜题。牌子是这样写的:

I	II
你选哪一间屋子都无关紧要。	另外一间屋子里面有一个女人。

犯人应该如何选?

7. 第七个审判

牌子是这样写的:

I	II
你挑选哪间屋子是至关重要的。	你选择另一间屋子会更好一些。

犯人应该如何选?

8. 第八个审判

"门上没有牌子呀!"那个犯人惊叫道。

"完全正确,"国王说,"牌子刚做好,我还没有来得及把它们挂上呢。"

"那你要我如何选呢?"那个犯人问道。

"哦,牌子是这样写的。"国王回答道。

这间屋子里有一只老虎。	两间屋子里都有老虎。

"好歹也算有牌子了,"那个犯人急切地说,"但是哪个牌子对应哪扇门呢?"

国王想了一会儿。"我不用告诉你,"国王说,"你不用那个信息就能解决这个问题。"

国王补充说:"当然,只要记住,左手边的屋子里如果有女人就意味着挂在门上的牌子说的是真的,里面如果有老虎就意味着牌子说的是假的;而对于右手边的屋子来说则正好相反。"

答案是什么呢?

第三天

"见鬼!"国王说,"犯人们又都赢了! 我想明天我会安排三间屋子而不是两间。我将在一间屋子里安排一个女人,而在另两间屋子里各安排一只老虎。然后我们再来看那些犯人如何应对吧!"

"好主意!"大臣回答道。

"你的话尽管是在恭维我,可是难免有点老调重弹了吧!"国王大声说道。

"所言极是!"大臣回答说。

9. 第九个审判

好了,在第三天的时候,国王依计而行。国王提供了三间屋子来选择,并对犯人说,一间屋子里有一个女人,另外两间里面都是老虎。三个牌子是这样写的:

I	II	III
一只老虎在这间屋子里面。	一个女人在这间屋子里面。	一只老虎在第二间屋子里面。

国王说,三个牌子当中最多有一个说的是真的。哪一间屋子里面有女人呢?

10. 第十个审判

情况照旧,女人只有一个,老虎却有两只。国王对犯人说,里面有女人的那间屋子的门上的牌子写的是真的,另外两个门牌中至少有一个写的是假的。那些牌子是这样写的:

I	II	III
一只老虎在第二间屋子里面。	一只老虎在这间屋子里面。	一只老虎在第一间屋子里面。

犯人应该如何选择呢?

11. 第一、第二及第三选择

在这个更古怪的审判中,国王对犯人说,三间屋子中,一间里面有一个女人,另外一间里面有一只老虎,而第三间是空的。里面有女人的屋子的门上的牌子说的是真的,有老虎的屋子的门上的牌子则说的是假的,而空屋子的门上的牌子说的既可能真也可能假。那些牌子上是这样写的:

I	II	III
第三间屋子是空的。	老虎在第一间屋子里。	这间屋子是空的。

现在,犯人碰巧认识那个女人并且想娶她。因而,尽管空屋子比起有老虎的屋子来说更可取,但他的第一选择是有女人的屋子。

哪一间屋子里面有女人,哪一间屋子里面有老虎呢?如果你能回答这两个问题,那么你应该也不难判定哪一间屋子是空的。

第四天

"太可怕啦!"国王说道,"看来我设计的谜题还不够难,不足以困住那些家伙！哦,我们只剩最后一个审判的机会了,这次我会叫那个犯人真正尝一尝什么叫做刺激!"

12. 一个逻辑迷宫

哦,国王言出必行。不同于前面给出三间屋子让犯人从中选择,他这次给了九间屋子! 正如国王所说的,只有一间屋子里有一个女人,另外八间屋子中的每一间要么有一只老虎,要么是空的。并且,国王还补充说,有女人的那间屋子的门上的牌子写的是真的,所有有老虎的屋子的门上的牌子写的都是假的,而空屋子的门上的牌子写的则可能是真的也可能是假的。

那些牌子是这样写的:

I	II	III
那个女人在某间奇数编号的屋子里面。	这间屋子是空的。	要么第五个牌子是真的,要么第七个牌子是假的。

IV	V	VI
第一个牌子是假的。	要么第二个牌子,要么第四个牌子是真的。	第三个牌子是假的。

VII	VIII	IX
那个女人不在第一间屋子里面。	这间屋子里面有一只老虎,并且第九间屋子是空的。	这间屋子里面有一只老虎,并且第六个牌子是假的。

那个犯人研究了好一会儿……

"这个问题根本无法解决!"他愤怒地喊道,"这不公平!"

国王笑着说:"我知道。"

"太有趣了!"那个犯人回答道,"来吧,现在至少给我一个有价值的线索,譬如第八间屋子是空的还是不空的?"

国王非常配合,他告诉了那个犯人关于第八间屋子空或者非空的真实情况,而那个犯人由此推断出女人在哪里。

女人在哪一间屋子里面呢?

解答

1. 我们已经知道两个牌子当中一个是真的而另一个是假的。有可能是第一个真而第二个假吗? 当然不可能,因为如果第一个牌子是真的,那么第二个牌子必定也是真的。也就是说,如果在第一间屋子里面有一个女人而第二间屋子里面有一只老虎,那么其中一间屋子里是女人而另一间屋子里是老虎这种说法就必定是真的。既然不可能是第一个牌子真而第二个假,那么必定是第二个牌子真而第一个假了。既然第二个牌子是真的,那么实际情况就是,一间屋子里面有一个女人而另一间屋子里面有一只老虎。既然第一个牌子是假的,那么实际情况必定是,老虎在第一间屋子而女人在第二间屋子。所以犯人应该选择第二间屋子。

2. 如果第二个牌子是假的,那么第一间屋子里面是女人,从而至少有一间屋子里面是女人——这就使得第一个牌子成为真的。因而不可能两个牌子都是假的。这就意味着两个牌子都是真的(我们已经知道它们要么同真要么同假)。因而,一只老虎在第一间屋子里面,而一个女人在第二间屋子里面,所以第二个犯人和第一个犯人一样应该选择第二间屋子。

3. 国王这次很慷慨,因为两间屋子里面都是女人! 我们的证明如下:

第一个牌子实际上说的是下面的可选条件当中至少有一个是真的:第一个房间里面是老虎;第二个房间里面是女人。(这个牌子上的话并不排斥两个可选条件都成立这种可能。)

现在,如果第二个牌子是假的,那么第一间屋子里面是一只老虎——这就使得第一个牌子为真(因为第一个可选条件为真)。但是我们已经被告知并非一个牌子真而另一个牌子假。因而,由第二个牌子是真的可知两个牌子都是真的。既然第二个牌子为真,第一间屋子里面就有一个女人。这意味着第一个牌子的第一个可选条件是假的,但是既然至少有一个可选条件为真,那么第二个可选条件必定是真的。所以第二间屋子里面也有一个女人。

4. 既然那两个牌子说的是同一回事,那么它们要么都真要么都假。假设它们都真,那么两间屋子里面都是女人。这就意味着第二间屋子里面有一个女人。但是我们已经知道,如果第二间屋子里面有一个女人,门上的牌子就是假的。这是一个矛盾,所以两个牌子都不是真的,它们都是假的。因而,第一间屋子里面有一只老虎,第二间屋子里面有一个女人。

5. 如果第一间屋子里面是老虎,我们就会得到一个矛盾。因为如果第一间屋子里面确实有一只老虎,那么第一个牌子就是假的,这就意味着没有一间屋子里面有女人,两间屋子里面都是老虎。但是我们已经知道第二间屋子里面有老虎就意味着第二个牌子是真的,也就意味着另外一间屋子里面有一个女人,而这与第一间屋子里面有一只老虎的假设矛盾。所以第一间屋子里面不可能是一只老虎,而必定是一个女人。因而,第二个牌子所说为真,第二间屋子里面有一只老虎。所以第一间屋子里面有一个女人,第二间屋子里面有一只老虎。

6. 第一个牌子实际上是说,两间屋子里面要么都是女人要么都是老虎——只有这样才会使得挑选哪一间屋子都无关紧要。

假设第一间屋子里面有一个女人。那么第一个牌子为真,也就意味着第二间屋子里面也有一个女人。如果假设第一间屋子里面有一只老虎,那么第一个牌子就是假的,这也就意味着两间屋子的居住者并不是同类,因此第二个房子里依然是一个女人。这证明不管第一间屋子里面是什么,第二间屋子里面必定有一个女人。既然第二间屋子里面有一个女人,那么第二个牌子就是假的,因此第一间屋子里面必定是一只老虎。

7. 第一个牌子实际上是说两间屋子的居住者并非同类,一个是女人而另一个是老虎,但是牌子上并没有说哪一间屋子里面是女人,哪一间屋子里面是老虎。如果第一间屋子的居住者是一个女人,门上的牌子说的就是真的,从而第二间屋子里面必定有一只老虎。如果第一间屋子的居住者是老虎,那么第一个牌子就是假的,也就意味着两个居住者并非异类,所以第二间屋子里面也必定有一只老虎。因而,第二个屋子里面一定有一只老虎。这就意味着第二个牌子是真的,所以第一间屋子里面必定有一个女人。

8. 假设牌子"这间屋子里面有一只老虎"挂在第一间屋子的门上。如果一个女人在那间屋子里面,那么它门上的牌子说的就是假的,而这与国王给出的条件矛盾。如果一只老虎在那间屋子里面,那么它门上的牌子说的就是真的,这同样与国王给出的条件矛盾。所以那个牌子不可能是挂在第一间屋子的,它必定挂在第二间屋子。这就意味着另一个牌子要挂在第一间屋子。

因此第一扇门上的牌子写着:两间屋子里面都有老虎。所以第一间屋子里面不可能有一个女人,否则它门上的牌子就是真的,这就意味着两间屋子里面都有老虎,而这就得到一个明显的矛盾。因而第一间屋子里面有一只老虎。由此可以得出它门上的牌子是假的,所以第二间屋子里面必定有一个女人。

9. 第二个牌子和第三个牌子彼此矛盾,所以它们当中有一个是真的。既然三个牌子当中至多有一个是真的,那么第一个必定是假的,因此那个女人在第一间屋子里面。

10. 既然里面有女人的屋子的牌子是真的,那么那个女人必定不可能在第二间屋子里面。如果她在第三间屋子里面,那么所有三个牌子就都是真的,这与至少一个牌子为假的已知条件矛盾。因而,那个女人在第一间屋子里面(并且第二个牌子是真的,第三个牌子是假的)。

11. 既然里面有女人的屋子的门上的牌子是真的,那么那个女人不可能在第三间屋子里面。

假设她在第二间屋子里面。那么第二个牌子就是真的,从而老虎就会在第一间屋子里面,而第三间屋子就会是空的。这就意味着有老虎的屋子的门上的牌子是真的,而这是不可能的。因而,女人在第一间屋子里面,第三间屋子必定是空的,而老虎在第二间屋子里面。

12. 如果国王告诉犯人第八间屋子是空的,犯人就不可能找到女人在哪间屋子里面。既然犯人确实推断出了女人在哪里,那么国王必定告诉了他第八间屋子不是空的,而犯人作了如下推理:

女人不可能在第八间屋子里面,因为如果她在里面,那么第八个牌子就是真的,但是这个牌子说的是一只老虎在这间屋子里面,这就自相矛盾了。因而那个女人不在第八间屋子里面。并且,第八间屋子不是空的,因而第八间屋子里面必定有一只老虎。既然它里面有一只老虎,它的门上的牌子就是假的。现在,如果第九间屋子是空的,那么第八个牌子就是真的。因而第九间屋子不可能是空的。

所以,第九间屋子也不是空的。它里面不可能有女人,否则它门上的牌子就是真的,也就意味着这间屋子里面有一只老虎,而这意味着第九个牌子是假的。如果第六个牌子是假的,那么第九个牌子就是真的,而这是不可能的。因而第六个牌子是真的。

既然第六个牌子是真的,那么第三个牌子就是假的。只有当第五个牌子是假的而第七个牌子是真的时,第三个牌子才有可能是假的。既然第五个牌子是假的,那么第二个和第四个牌子就都是假的。既然第四个牌子是假的,那么第一个牌子必定是真的。

现在我知道哪些牌子是真的而哪些牌子是假的,也就是:

1 - 真　4 - 假　7 - 真
2 - 假　5 - 假　8 - 假
3 - 假　6 - 真　9 - 假

我现在知道那个女人要么在第一间屋子里面,要么在第六间屋子里面,要么在第七间屋子里面,因为其他屋子的牌子都是假的。既然第一个牌子是真的,那么女人不可能在第六间屋子里面。既然第七个牌子是真的,那么女人不可能在第一间屋子里面。因而,女人在第七间屋子里面。

塔尔博士和费舍尔教授的疯人院

苏格兰场的克雷格探员被邀请到法国去调查疑似有问题的十一家疯人院。在这些疯人院中,只有病人和医生住在里面,并且所有的工作人员都是医生。每一家疯人院的每个人,无论是病人还是医生,不是神志健全的就是神志错乱的。并且,神志健全的人都是思维清楚的,他们所说的都是百分之百正确的,也就是说,所有他们肯定的命题都是真命题,而他们否定的命题都是假命题。神志错乱者的认知则全都是错误的,也就是说,所有他们否定的命题都是真命题,而他们肯定的命题都是假命题。我们还假定所有这些人都是诚实的——无论他们说什么,都是他们真正相信的。

1. 第一家疯人院

在探访的第一家疯人院里面,克雷格和一个叫琼斯,一个叫史密斯的两个人分别进行了谈话。

"告诉我,"克雷格问琼斯,"你对史密斯先生了解多少?"

"你应该叫他史密斯*医生*。"琼斯回答道,"他是这里的工作人员,是一名医生。"

过了一会儿,克雷格遇见史密斯,然后问他:"你对琼斯了解多少? 他是病人还是医生?"

"他是病人。"史密斯回答道。

克雷格认真思考了一会儿,然后意识到这座疯人院确实有不对劲的地方:要么有一个医生神志错乱而不应该在这里工作,要么更糟的是,有一个病人神志健全,根本不应该待在这里。

克雷格是怎么知道这一点的呢?

2. 第二家疯人院

在克雷格探访的第二家疯人院里面,其中一个人说了一句话,从那句话里,克雷格就能够推断出说话人一定是一个神志健全的病人,因而不该待在那里。克雷格于是采取措施让他得以离开。

你能猜出这句话是什么吗?

3. 第三家疯人院

在第三家疯人院里面,一个人说了一句话,从那句话克雷格可以推断出说话的人是一个神志错乱的医生。你能猜出这句话是什么吗?

4. 第四家疯人院

在第四家疯人院里面,克雷格问其中一个人:“你是病人吗?”那个人回答说:“是的。”

这家疯人院哪里不对劲?

5. 第五家疯人院

在第五家疯人院里面,克雷格问其中一个人:“你是病人吗?”那个人回答说:“我相信我是。”

这家疯人院哪里不对劲?

6. 第六家疯人院

在第六家疯人院里面,克雷格问一个人:“你相信自己是病人吗?”那个人回答说:“我相信我是这样相信的。”

这家疯人院哪里不对劲?

7. 第七家疯人院

第七家疯人院更为有趣。克雷格遇见两个人 A 和 B,并且发现 A 相信 B 神志错乱,而 B 相信 A 是医生。克雷格于是采取措施让其中一个人离开了这家疯人院。是哪一个,为什么?

8. 第八家疯人院

第八家疯人院实在是一个非常令人困惑的地方,但是克雷格最后设法弄清了事情的真相。他发现了以下事实:

(1) 任选两个人 A 和 B,则 A 要么信任 B,要么不信任 B。

(2) 其中某些人是其他人的老师,且每一个人至少有一个老师。

(3) 除非 A 相信 B 信任他自己,否则 A 不愿意做 B 的老师。

(4) 对于任意一个人 A 来说,有一个人 B 信任并且仅仅信任那些为 A 所信任的老师所教的人,这些人还可以有其他老师。(换句话说,对于任意的人 X 来说,当且仅当 A 信任 X 的某个老师时,B 信任 X。)

(5) 有一个人信任所有病人,但不信任任何一个医生。

克雷格探员认真思考了好长一段时间,最后发现可以证明,要么其中一个病人神志健全,要么其中一个医生神志错乱。他是怎么证明的?

9. 第九家疯人院

在这家疯人院里面,克雷格与 A,B,C,D 进行了交谈。A 相信 B 和 C 具有相同的神志状态。B 相信 A 和 D 具有相同的神志状态。然后克雷格问 C:"你和 D 都是医生吗?"C 回答说:"不是。"

这家疯人院哪里不对劲?

10. 第十家疯人院

克雷格发现这里的情况尽管迷雾重重,但也特别有趣。他发现的第一件事情是,这家疯人院已经组建了各种各样的委员会,医生和病人可以在同一个委员会里面任职,神志健全者和神志错乱者也可以在同一个委员会里任职。后来克雷格又发现了下面的一些事实:

(1) 所有病人组成了一个委员会。

(2) 所有医生组成了一个委员会。

(3) 每一个人在这个疯人院里面都有几个朋友,并且其中有一个是最好的朋友。每一个人在这个疯人院里面还有几个敌人,并且其中有一个最坏的敌人。

（4）给定任意的委员会 C，最好朋友处于 C 的所有人组成一个委员会，最坏敌人处于 C 的所有人也组成一个委员会。

（5）给定任意两个委员会 C1 和 C2，存在至少一个人 D，其最好的朋友相信 D 在 C1 里面，而其最坏的敌人相信 D 在 C2 里面。

综合考虑这些事实之后，克雷格得出一个有趣的结论：要么其中一个医生神志错乱，要么其中一个病人神志健全。克雷格是如何发现的呢？

11. 一个附加的谜题

克雷格在最后那家疯人院逗留了一段时间，因为某些问题引起了他的兴趣。比如，他很想知道所有神志健全的人是否组成了一个委员会，以及所有神志错乱的人是否组成了一个委员会。他无法基于（1）（2）（3）（4）（5）这些事实解决这两个问题，但是他能够仅仅基于（3）（4）以及（5）证明这两群人不可能都组成委员会。他是如何证明这一点的呢？

12. 关于同一家疯人院的另一个谜题

最后，克雷格发现可以证明关于这家疯人院的另外一件事情。他认为这件事情非常重要，实际上可以用来简化最后两个问题的解法。这个事实就是：给定任意两个委员会 C1 和 C2，必定有一个人 E 和一个人 F，他们分别拥有以下的信念：E 相信 F 在 C1 里面任职，而 F 相信 E 在 C2 里面任职。克雷格是如何证明这一点的呢？

13. 塔尔博士和费舍尔教授的疯人院

克雷格发现最后探访的那家疯人院是所有疯人院中最为怪异的。这家疯人院由两个医生经营，其中一个名叫塔尔博士，另一个名叫费舍尔教授。还有其他医生也在里面任职。现在，如果一个人相信他自己是个病人，那么他就会被称为怪人。如果一个人被所有病人认为是怪人，却没有医生认为他是怪人，那么他就是另类。克雷格探员发现，至少有一个人是神志健全的，并且下列条件成立：

条件 C：每一个人在这个疯人院里面都有一个最好的朋友。此外，给定

任意两个人 A 和 B,如果 A 相信 B 是另类,那么 A 最好的朋友相信 B 是一个病人。

在发现这点之后不久,克雷格探员分别与塔尔博士、费舍尔教授进行了私密谈话。和塔尔博士的谈话内容如下:

克雷格:告诉我,塔尔博士,这家疯人院里面的所有医生都是神志健全的吗?

塔尔:当然啰!

克雷格:病人呢? 他们都是神志错乱的吗?

塔尔:至少有一个是。

塔尔博士的第二个回答所体现的谨慎让克雷格有些吃惊! 当然,如果所有病人都是神志错乱的,那么必定至少有一个是神志错乱的。但是为什么塔尔博士如此小心谨慎呢? 克雷格随后和费舍尔教授进行了谈话,内容如下:

克雷格:塔尔博士说这里至少有一个病人是神志错乱的。的确是这样的吗?

费舍尔教授:当然是真的啦! 这家疯人院里面的所有病人都是神志错乱的! 你以为我们正在经营的是一家什么样的疯人院呢?

克雷格:医生呢? 他们都是神志健全的吗?

费舍尔教授:至少有一个是。

克雷格:塔尔博士呢? 他神志健全吗?

费舍尔教授:当然了! 你怎么敢问这样的问题呢?

至此,克雷格才充分意识到这家疯人院是有多可怕! 有多可怕呢?

[那些读过爱伦·坡(Edgar Allan Poe)的《塔尔博士和费舍尔教授的疗法》的朋友们也许可以在给出确切的证明之前猜到这个问题的答案。参见章节末的解答。]

解答

1. 我们将证明要么琼斯要么史密斯(我们不知道究竟是哪一个人)必定要么是神志错乱的医生要么是神志健全的病人(但我们不知道究竟是哪一种情况)。

琼斯要么神志健全要么神志错乱。假设他是神志健全的。那么他的观点就是正确的,从而史密斯就真的是一个医生。如果史密斯神志错乱,那么他就是一个神志错乱的医生。如果史密斯神志健全,那么他的观点就是正确的,这也就意味着琼斯是一个病人,而且是一个神志健全的病人(因为我们已经假设琼斯神志健全)。这就证明,如果琼斯是神志健全的,那么要么琼斯是一个神志健全的病人,要么史密斯是一个神志错乱的医生。

假设琼斯神志错乱。那么琼斯的观点是错误的,这就意味着史密斯是一个病人。如果史密斯神志健全,那么他就是一个神志健全的病人。如果史密斯神志错乱,那么他的观点就是错误的,这也就意味着琼斯是一个医生,而且是一个神志错乱的医生。这就证明,如果琼斯神志错乱,那么要么琼斯是一个神志错乱的医生,要么史密斯是一个神志健全的病人。

总而言之,如果琼斯神志健全,那么要么琼斯是一个神志健全的病人,要么史密斯是一个神志错乱的医生;如果琼斯神志错乱,那么要么琼斯是一个神志错乱的医生,要么史密斯是一个神志健全的病人。

2. 可以有多种解答。我能够想到的最简单解答是,那个人说:"我不是一个神志健全的医生。"我们可以证明说这句话的人必定是一个神志健全的病人,理由如下:

一个神志错乱的医生不可能正确地判断自己不是一个神志健全的医生。一个神志健全的医生不可能错误地声称自己不是一个神志健全的医生。一个神志错乱的病人不可能正确地说出自己不是一个神志健全的医生(一个神志错乱的病人确实不是一个神志健全的医生)。所以说话的人就是一个神志健全的病人,并且他对于自己不是一个神志健全的医生的判断是正确的。

3. 一个可行的陈述是："我是一个神志错乱的病人。"一个神志健全的病人不可能错误地认为自己是一个神志错乱的病人。一个神志错乱的病人不可能正确地相信自己是一个神志错乱的病人。因而，说这句话的人不是一个病人，他是一个医生。一个神志健全的医生不可能认为自己是一个神志错乱的病人。因而，说话的人是一个神志错乱的医生，他错误地相信自己是一个神志错乱的病人。

4. 说话的人相信自己是一个病人。如果他神志健全，那么他真的是一个病人，因此他就是一个神志健全的病人，不应该待在这家疯人院里面。如果他神志错乱，他的判断就是错误的，这也就意味着他不是一个病人而是一个医生，作为一个神志错乱的医生，他不应该在这家疯人院任职。我们不可能明确判断他究竟是一个神志健全的病人还是一个神志错乱的医生，但是在这两种情况下他都不应该待在这家疯人院。

5. 这是一个非常特殊的情形！当说话的人*说*他相信自己是一个病人时，并不一定意味着他*确实*相信自己是一个病人！既然他说他相信自己是一个病人，并且他是诚实的，那么他的确相信自己是一个病人。假设他是神志错乱的，那么他的所有认知，甚至包括那些关于他自己信念的认知，都是错误的，所以他所谓的相信自己是一个病人，实际上意味着他相信自己是一个医生。既然他神志错乱并且相信自己是一个医生，那么他事实上就是一个病人。所以，如果他是神志错乱的，那么他就是一个神志错乱的病人。另外，假设他是神志健全的：既然他声明他相信自己是一个病人，那么他就真的相信自己是一个病人。既然他相信自己是一个病人，那么他就是一个病人。所以，如果他神志健全，那他依然是一个病人。因此，我们知道，他要么是一个神志健全的病人，要么是一个神志错乱的病人，而我们还没有足够的证据断定这家疯人院有什么不对劲的地方。

总而言之，我们可以注意到以下基本事实。其一，如果这家疯人院的一个人相信某件事情，那么这件事情是真还是假取决于这个说话者的神志是健全的还是错乱的。其二,如果一个人声称他相信某件事情,那么不管这个说话者的神志是健全的还是错乱的,这件事情必定是真的。(如果他神志错乱,那么类比于负负得正,两个误判就会彼此抵消。)

6. 在这个情形下,说话的人既没有断言他是一个病人,也没有断言他相信自己是一个病人,而是断言他相信自己相信自己是一个病人。既然他相信他所断言的,那么他就相信自己相信自己相信自己是一个病人。前面两个信念彼此抵消(参见第五个问题的解答的最后一段),所以事实上他相信自己是一个病人。这个问题就简化为第四家疯人院的问题,而那个问题我们已经解决了(说话的人要么是一个神志健全的病人,要么是一个神志错乱的医生)。

7. 克雷格让 A 离开了疯人院。理由如下:假设 A 神志健全。那么他对于 B 神志错乱的判断就是正确的。既然 B 神志错乱,那么他对于 A 是一个医生的判断就是错误的,所以 A 是一个神志健全的病人,因此应该让他离开。另外,假设 A 神志错乱,那么他对于 B 神志错乱的判断就是错误的,所以 B 是神志健全的。那么 B 对于 A 是一个医生的判断就是正确的,所以在这种情况下,A 是一个神志错乱的医生,也应该让他离开。

对于 B,我们则无法作出任何判断。

8. 根据条件 5,有一个人,比如叫亚瑟,他信任所有病人而不信任何一个医生。根据条件 4,有一个人,比如叫比尔,他信任且仅仅信任那些为亚瑟所信任的老师所教的人。这意味着对于任意一个人 X 来说,如果比尔信任 X,那么亚瑟至少信任 X 的其中一个老师,如果比尔不信任 X,那么亚瑟就不信任 X 的任何一个老师。既然根据条件 5,“为亚瑟所信任”和“是一个病人”这两件事是同一回事,那么我们可以这样解读最后一句话:对于任意一个人 X 来说,如果比尔信任 X,那么 X 至少有一个老师是病人,而如果比尔不信任 X,那么 X 的所有老师都不是病人。现在,既然这对于*每一个*人来说都是成立的,那么它在 X 恰为比尔本人的时候也是成立的。因而,我们得出下面两个结论:

（1）如果比尔相信自己，那么比尔的老师中至少有一个是病人。

（2）如果比尔不信任自己，那么比尔的所有老师都不是病人。

有两种可能：要么比尔相信自己，要么比尔不相信自己。让我们来看看每一种情况分别意味着什么。

情形1——比尔信任自己：那么比尔至少有一个老师，比如叫彼得，是一个病人。既然彼得是比尔的老师，那么根据条件3，彼得相信比尔信任他自己。哦，比尔确实信任他自己，所以彼得的认知是正确的，他也就是神志健全的。因而彼得是一个神志健全的病人，也就不应该待在这家疯人院里面。

情形2——比尔不信任自己：这种情况下，比尔的所有老师都不是病人。像其他人一样，比尔至少有一个老师，比如叫理查德。那么理查德必定是一个医生。既然理查德是比尔的老师，那么理查德相信比尔信任他自己。理查德的认知就是错误的，因而理查德是神志错乱的。所以理查德是一个神志错乱的医生，也就不应该在疯人院里面任职。

总而言之，如果比尔信任自己，那么至少有一个病人是神志健全的，而如果比尔不信任自己，那么至少有一个医生是神志错乱的。既然我们不知道比尔是否信任自己，我们也就不知道这家疯人院究竟哪里不对劲：究竟是有一个神志健全的病人，还是有一个神志错乱的医生？

9. 我们将首先证明C和D具有相同的神志状态。

假设A和B都是神志健全的。那么B和C的神志状态就是相同的，并且A和D的神志状态也是相同的。这意味着这四个人都是神志健全的，因此在这种情况下，C和D都是神志健全的，也就具有相同的神志状态。现在假设A和B都是神志错乱的。那么B和C的神志状态不同，并且A和D的神志状态也不同，从而C和D都是神志健全的，也就是具有相同的神志状态。现在假设A神志健全而B神志错乱。那么B和C的神志状态相同，因此C是神志错乱的，但是A和D的神志状态不同，这也就意味着D也是神志错乱的。最后，假设A神志错乱而B神志健全。那么B和C的神志状态不同，因此C是神志错乱的，但是A和D的神志状态相同，因而D也是神志错乱的。

总而言之,如果 A 和 B 的神志状态相同,那么 C 和 D 都是神志健全的,而如果 A 和 B 的神志状态不同,那么 C 和 D 都是神志错乱的。

因此,我们已经确证 C 和 D 要么都神志健全,要么都神志错乱。假设他们都是神志健全的。那么 C 对于他自己和 D 并不都是医生的陈述就是真的,这也就意味着他们当中至少有一个是病人,并且是神志健全的病人。如果 C 和 D 都是神志错乱的,那么 C 的陈述就是假的,这也就意味着他们都是医生,并且都是神志错乱的医生。因而,这家疯人院里面要么至少有一个神志健全的病人,要么至少有两个神志错乱的医生。

10,11,12. 首先来看问题 11 和 12,因为解决问题 10 最容易的方法就是从问题 12 开始。

开始之前,首先需要知道一个重要的原则:假设有两个陈述 X 和 Y,已知它们要么同真要么同假,那么对于这家疯人院的任意一个人来说,如果他相信其中一个陈述,那么他必定也就相信另一个陈述。理由如下:如果这两个陈述都是真的,那么相信其中一个陈述的任何一个人必定是神志健全的,因而他必定也相信另一个同样为真的陈述。如果这两个陈述都是假的,那么相信其中一个陈述的任何一个人就必定是神志错乱的,同时因为另一个陈述也是假的,所以他必定也相信它。

现在让我们来解决问题 12:取任意两个委员会 C1 和 C2。设 U 为最坏敌人处于 C1 的所有人构成的群组,V 为最好朋友处于 C2 的所有人构成的群组。依照事实(4),U 和 V 又都是委员会。因而,依照事实(5),就有某个人,假设叫丹,丹的最好的朋友爱德华相信丹在 U 中,而丹的最坏的敌人弗雷德,则相信丹在 V 当中。现在,根据 U 的定义,丹在 U 当中也就意味着丹的最坏的敌人弗雷德在 C1 中,换句话说,"丹在 U 中"和"弗雷德在 C1 中"这两个陈述要么同真要么同假。既然爱德华相信其中一个,也就是丹在 U 中,那么爱德华必定也相信另一个,也就是弗雷德在 C1 中(请回忆我们事先提到的原则)。所以爱德华相信弗雷德在 C1 中。

此外,弗雷德相信丹在委员会 V 中。现在,如果丹在 V 中,那么根据 V

的定义,丹的朋友爱德华就在C2中。换句话说,这两件事要么同真要么同假。那么,既然弗雷德相信丹在V中,弗雷德必定也相信爱德华在C2中。

因此,爱德华和弗雷德两个人分别拥有以下信念:爱德华相信弗雷德在C1中,而弗雷德相信爱德华在C2中。这就解决了问题12。

为了解决问题10,让我们现在设定所有病人构成的群组为C1,所有医生构成的群组为C2,并且根据事实(1)和事实(2),C1和C2都是委员会。依照问题12的解答,爱德华和弗雷德两个人分别拥有下面的认知:爱德华相信弗雷德在所有病人构成的C1中,而弗雷德相信爱德华在所有医生构成的C2中。换句话说,爱德华相信弗雷德是一个病人而弗雷德相信爱德华是一个医生。那么,依照问题1(依然采用爱德华和弗雷德而不是琼斯和史密斯来作为临时的命名方式),两者之一,爱德华或者弗雷德(我们不知道是哪一个)必定要么是神志错乱的医生要么是神志健全的病人。所以这家疯人院肯定有什么地方不对劲。

至于问题11,假设所有神志健全的人构成的群组和所有神志错乱的人构成的群组都是委员会,分别为C1和C2。那么依照问题12,爱德华和弗雷德这两个人就会分别拥有以下认知:(a)爱德华相信弗雷德是神志健全的,换言之,是C1的成员;(b)弗雷德相信爱德华是神志错乱的,换言之,是C2的成员。这是不可能的,因为如果爱德华神志健全,他的认知就是真的,这也就意味着弗雷德神志错乱,因而弗雷德的认知是正确的,这也就意味着爱德华神志错乱。所以,如果爱德华是神志健全的,那么他也是神志错乱的,而这是不可能的。另外,如果爱德华神志错乱,那么他对于弗雷德的认知就是错的,这也就意味着弗雷德神志错乱,因而弗雷德对于爱德华的认知也是错的,这也就意味着爱德华神志健全。所以如果爱德华是神志错乱的,那么他也是神志健全的,这同样是不可能的。因此,基于神志健全的人构成的群组以及神志错乱的人构成的群组都是委员会的假设导致了矛盾。因此,这两个群组不可能都是委员会。

13. 克雷格恐惧地意识到,在这家疯人院里面,所有医生都是神志错乱

的,而所有病人都是神志健全的! 克雷格是通过下面的推理方式得到这个结论的:

　　早在克雷格跟塔尔博士和费舍尔教授谈话之前,克雷格就知道这里至少有一个神志健全的人,比如叫A。现在假设B为A最好的朋友。根据条件C,如果A相信B是另类,那么A最好的朋友相信B是一个病人。既然A最好的朋友是B,那么如果A相信B是另类,那么B就相信B是一个病人。换句话说,如果A相信B是另类,那么B就是怪人。既然A是神志健全的,那么A之相信B是另类就相当于B之事实上就是另类。因而,我们得到下列关键事实:

　　如果B是另类,那么B也是怪人。

　　现在显然B要么是怪人要么不是怪人。如果B是怪人,那么B相信自己是一个病人,因此(参见问题4),B必定要么是一个神志错乱的医生要么是一个神志健全的病人,在任何一种情况下,B都不应该待在这家疯人院里面。那么假设B不是怪人,又会如何呢? 哦,如果B不是怪人,那么B也不是另类,因为依照上面的“关键事实”,B成为另类的前提是B是一个怪人。所以B既不是怪人也不是另类。既然B不是另类,那么“所有病人都相信B是怪人”以及“没有一个医生相信B是怪人”这两个假定就不可能同时为真,也就是说其中至少一个为假。假设第一个假定是假的。那么至少有一个病人,比如叫P,不相信B是怪人。如果P是神志错乱的,那么P就会相信B是怪人(因为B其实不是怪人)。如果P是神志健全的,这就意味着P是一个神志健全的病人。如果第二个假定是假的,那么至少有一个医生,比如叫D,相信B是怪人。然而因为B实际上不是怪人,所以D必定是神志错乱的。因此D是一个神志错乱的医生。

　　总而言之,如果B是怪人,那么B要么是一个神志健全的病人,要么是一个神志错乱的医生。如果B不是怪人,那么要么某个神志健全的病人P不相信B是怪人,要么某个神志错乱的医生D相信B是怪人。因而这个疯人院里面必定要么有一个神志健全的病人,要么有一个神志错乱的医生。

　　如前所述，克雷格在跟塔尔博士和费舍尔教授谈话之前就意识到了上面这个问题。现在，塔尔博士相信所有医生都是神志健全的，而费舍尔教授相信所有病人都是神志错乱的。我们已经证明他们不可能同时正确，因而他们两个人当中至少有一个是神志错乱的。此外，费舍尔教授相信塔尔博士是神志健全的。如果费舍尔教授是神志健全的，那么费舍尔教授一定是对的，而塔尔博士也会是神志健全的，但是我们由他们两个人不可能同时神志健全就可以知道这不是真的。因而费舍尔教授一定是神志错乱的。那么关于塔尔博士神志健全的说法就是错误的，因此塔尔博士也是神志错乱的。这就证明了塔尔博士和费舍尔教授都是神志错乱的。

　　既然塔尔博士是神志错乱的，而他相信至少有一个病人是神志错乱的，那么事实上所有病人必定都是神志健全的。既然费舍尔教授是神志错乱的，而他相信至少有一个医生是神志健全的，那么事实上所有医生都是神志错乱的。这就证明了所有病人都是神志健全的，并且所有医生都是神志错乱的。

　　点评：这个谜题显然是受了爱伦·坡的故事《塔尔博士和费舍尔教授的疗法》的启发。在那个故事里面，一个疯人院的所有病人设法战胜了所有医生，把他们全身涂满柏油并粘上羽毛然后关进病人的房间，并且顶替了他们的角色。

第4章

克雷格探员造访特兰西瓦尼亚

在经历了上次的奇遇一周之后,克雷格正准备返回伦敦。此时,他突然接到特兰西瓦尼亚政府发来的电报,急切地请求克雷格到特兰西瓦尼亚帮忙解决吸血鬼谜案。现在,正如我在先前的一本逻辑谜题书《这本书的名字叫什么?》中解释过的那样,特兰西瓦尼亚里居住着吸血鬼和人,吸血鬼总是撒谎而人总是讲真话。但是,其中的一半居民(既有人也有吸血鬼)正如塔尔博士和费舍尔教授的疯人院里面的疯狂居民一样,都是神志错乱的,而且完全沉溺于他们的幻觉之中——所有他们视为假的都是真的,而所有他们视为真的都是假的。另一半居民正如第3章的疯人院中神志健全的人那样,则是完全神志健全的,并且他们的判断完全正确——所有他们认为真的都是真的,而所有他们认为假的都是假的。

当然,特兰西瓦尼亚的逻辑远比疯人院的逻辑复杂得多,因为在那些疯人院里面的人至少都是诚实的,他们作出虚假陈述仅仅出于错觉而从来不会出于恶意。但是当一个特兰西瓦尼亚居民作出一个虚假陈述的时候,他既可能出于错觉也可能出于恶意。神志健全的人和神志错乱的吸血鬼所作的陈述都是真实的,而神志错乱的人和神志健全的吸血鬼所作的陈述都是虚假的。比如,如果你问一个特兰西瓦尼亚居民地球是不是圆的(而不是扁的),一个神志健全的人知道地球是圆的并且会如实地回答。一个神志错乱的人相信地球不是圆的,并且会如实地表达他的判断,说它不是圆的。一个神志健全的吸血鬼知道地球是圆的,但是他会撒谎而说它不是圆的。但是一个神志错乱的吸血鬼相信地球不是圆的,就会撒谎说它是圆的。因而在被问及任意一个问题时,一个神志错乱的吸血鬼和一个神志健全的人的回答是相同的,而一个神志错乱的人和一个神志健全的吸血鬼的回答也是相同的。

幸运的是,克雷格对于吸血鬼习性的通晓一如他对于逻辑的通晓(克雷格的兴趣和知识面都很广)。当克雷格抵达特兰西瓦尼亚的时候,当地官员(他们都是一些神志健全的人)告诉他总共有十个案子需要得到他的帮助,并且请求他负责调查。

开头的五个案子

这些案子里,每一个案子都牵涉两个居民,已知其中一个居民是吸血鬼而另一个居民是人,但是不确定哪个是人哪个是吸血鬼。除了第五个案子,我们对于涉案居民的神志健全与否都一无所知。

1. 露西和明娜的案子

第一个案子牵涉到露西和明娜两姐妹,克雷格得找出她们当中哪一个是吸血鬼。如前所述,她们的神志健全与否不能确定。下面是询问记录:

克雷格(对露西说):跟我谈谈你们的事情吧。

露西:我们都神志错乱。

克雷格(对明娜说):她说的是真的吗?

明娜:当然不是!

由此,克雷格可以令人信服地证明这对姐妹当中谁是吸血鬼。是哪一个呢?

2. 卢格西兄弟的案子

卢格西兄弟的名字都叫贝拉。同样,一个是吸血鬼而另外一个则不是。

他们作出了以下陈述：

大贝拉：我是人。

小贝拉：我是人。

大贝拉：我的弟弟是神志健全的。

哪一个是吸血鬼呢？

3. 迈克尔·卡洛夫和彼得·卡洛夫的案子

这个案子涉及另外一对兄弟，迈克尔·卡洛夫和彼得·卡洛夫。他们是这样说的：

迈克尔·卡洛夫：我是吸血鬼。

彼得·卡洛夫：我是人。

迈克尔·卡洛夫：我的兄弟和我有相同的神志状态。

哪一个是吸血鬼呢？

4. 屠格涅夫的案子

这个案子牵涉到屠格涅夫父子。下面是询问记录：

克雷格（对父亲说）：你们两个是同为神志健全，还是同为神志错乱？抑或神志状态不一样？

父亲：我们当中至少有一个是神志错乱的。

儿子：非常正确！

父亲：当然啰，我不是吸血鬼。

哪一个是吸血鬼呢？

5. 卡尔·德古拉和玛莎·德古拉的案子

这个案子牵涉到一对双胞胎，卡尔·德古拉和玛莎·德古拉。（我可以向你保证，他们跟德古拉伯爵[①]没有关系！）这个案子有趣的地方在于我们不仅已经知道他们当中一个是人而另一个是吸血鬼，还知道其中一个神志健全而另一个神志错乱，但是克雷格还不知道哪一个是哪一个。他们是这样说的：

[①] 德古拉是一个著名的吸血鬼形象，源自爱尔兰作家斯托克（Bram Stoker）在 1897 年的小说《德古拉》。——译者

卡尔:我的妹妹是一个吸血鬼。

玛莎:我的哥哥神志错乱。

哪一个是吸血鬼呢?

五对已婚夫妇

接下来的五个案子每一个都牵涉到一对已婚夫妇。需要说明一下(你可能知道也可能不知道),在特兰西瓦尼亚,人和吸血鬼通婚是非法的,因而所有的已婚夫妇要么都是人要么都是吸血鬼。在这些案子当中,正如案件1到案件4那样,我们对于他们每一个人的神志健全与否都一无所知。

6. 西尔文·奈崔特和西尔维亚·奈崔特的案子

这组案子当中的第一个是西尔文·奈崔特和西尔维亚·奈崔特的案子。正如已经解释的那样,他们要么都是人要么都是吸血鬼。下面是克雷格的询问记录:

克雷格(对奈崔特夫人说):跟我谈谈你们的情况吧。

西尔维亚:我的丈夫是人。

西尔文:我的妻子是吸血鬼。

西尔维亚:我们当中有一个神志健全而另一个神志不健全。

他们是人还是吸血鬼呢?

7. 乔治·格洛彪和格洛里亚·格洛彪

接下来的案子牵涉到格洛彪夫妇。

克雷格:跟我谈谈你们的情况吧。

格洛里亚:无论我丈夫说什么,都是真的。

乔治:我的妻子神志错乱。

克雷格并不觉得这个丈夫在调情,但是他们的这两句证词已经足以解决这个案子了。

这是一对人,还是一对吸血鬼呢?

8. 鲍里斯·范派尔和多萝西·范派尔的案子

特兰西瓦尼亚的警察局长对克雷格探员说:"重要的是,不要让嫌疑人的姓氏影响了你对这个案子的判断。"

他们的回答是这样的:

鲍里斯·范派尔:我们都是吸血鬼。

多萝西·范派尔:是的,我们都是吸血鬼。

鲍里斯·范派尔:就神志状态而言,我们是相同的。

我们正在讨论的这对夫妇是人还是吸血鬼呢?

9. 亚瑟·史维特和莉莲·史维特的案子

接下来的案子牵涉到一对名叫亚瑟·史维特和莉莲·史维特的夫妇。他们的证词如下:

亚瑟:我们都是神志错乱的。

莉莲:他说的是真的。

亚瑟和莉莲是人还是吸血鬼呢?

10. 路易·伯德克里夫和玛努艾拉·伯德克里夫的案子

下面是伯德克里夫夫妇的证词:

路易:我们当中至少有一个是神志错乱的。

玛努艾拉:那不是真的!

路易:我们都是人。

路易和玛努艾拉是人还是吸血鬼呢?

两个始料未及的谜题

11. A和B的案子

克雷格探员正因为这些不愉快的案子都终于了结而感到轻松,并且开始收拾他的东西准备返回伦敦的时候,一个特兰西瓦尼亚官员非常意外地冲进他的屋子,请求他再多待一天帮忙解决一个刚发生的新案子。哦,克雷格肯定不喜欢这个请求,然而他觉得他的职责就是尽可能提供帮助,所以他答应了。

已经有两个相貌可疑的家伙被特兰西瓦尼亚警方抓起来了。他们碰巧都是显赫的人物,而克雷格要求我不要透露他们的名字和性别,所以我只称呼他们为 A 和 B。与前面十个案子不同的是,我们事先对于他们之间的关系一无所知。他们可能都是吸血鬼、可能都是人,还可能一个是吸血鬼而另一个是人。他们可能都是神志健全的、可能都是神志错乱的,还可能一个是神志健全的而另一个是神志错乱的。

被审问的时候,A 说 B 是神志健全的,而 B 则断言 A 是神志错乱的。然后 A 断言 B 是一个吸血鬼,而 B 则断言 A 是人。

你能够推断出 A 和 B 是什么情况吗?

12. 两个特兰西瓦尼亚哲学家

庆幸那些奇异的审判终于结束,克雷格在特兰西瓦尼亚的一个火车站里惬意地坐着,等待着那趟即将把他带离这个国家的火车。他是多么急切地盼望回到伦敦呀!正在此时,他听到两个特兰西瓦尼亚哲学家的争吵,他们正在热烈地讨论着下面的问题:

假设在特兰西瓦尼亚有一对双胞胎,已知其中一个是神志健全的人而另一个是神志错乱的吸血鬼。并且假设你只和他们当中的一个会面并且想知道他是哪一个。那么向他提出一些是非题就能够确定吗?第一个哲学家坚持,既然对于任意一个问题,双胞胎当中的一个给出的回答总是和另外一个相同,那么无论提多少问题都不能完成这个任务。也就是说,给定任意问题,如果正确的回答是"是",那么那个神志健全的人知道答案是"是"因而会如实地回答"是",而那个神志错乱的吸血鬼以为正确的答案是"否",因而会撒谎说"是"。同样的,如果对那个问题的正确回答是"否",那么那个神志健全的人会回答"否",而那个神志错乱的吸血鬼以为正确的答案是"是"继而会撒谎,同样说"否"。因而,通过他们的回答无法区分这两个兄弟,尽管他们的思维方式是截然不同的。所以,第一个哲学家争辩说,没有办法通过提问把他们区分开来——使用测谎仪的情况除外。

第二个哲学家不同意。事实上,第二个哲学家并没有给出任何论据来支持自己的立场。他所说的话只有一句:"让我询问这两个兄弟之一,然后我就会告诉你他是哪一个。"

克雷格探员坐在车厢里面,思考了好一会儿。他最后意识到第二个哲学家是对的:如果你遇见这对双胞胎中的一个,你确实能够通过询问一些是非题来判断他是谁,且不必使用测谎仪。此外还有两个问题:

(1)你最少需要提多少个问题?

(2)更为有趣的是,第一个哲学家的辩论到底错在哪里?

解答

有一个需要在下面的几个解答当中用到的原则需要事先阐明。那就是,如果一个特兰西瓦尼亚居民说自己是人,那么他必定是神志健全的,而如果他说自己是一个吸血鬼,那么他必定是神志错乱的。原因如下:

假设他说自己是人。现在,他的陈述要么真要么假。如果他的陈述是真的,那么他实际上就是人,但是所有作真实陈述的人都是神志健全的人,所以在此情况下他就是神志健全的。如果他的陈述是假的,那么他实际上就是一个吸血鬼,由于所有作虚假陈述的吸血鬼都是神志健全的吸血鬼(正如神志健全的人一样,神志错乱的吸血鬼所作陈述为真),所以他还是神志健全的。这就证明,如果一个特兰西瓦尼亚居民断言自己是人,那么不管他实际上是人还是吸血鬼,他必定是神志健全的。

假设一个特兰西瓦尼亚居民断言自己是一个吸血鬼,又会如何呢?哦,如果他的断言为真,那么他实际上就是一个吸血鬼,但是所有作真实断言的吸血鬼都是神志错乱的吸血鬼。如果他的断言为假,那么他实际上就是人,但是所有作虚假断言的人都是神志错乱的人,所以在此情况下他还是神志错乱的。因此,任何断言自己是一个吸血鬼的特兰西瓦尼亚居民都是神志错乱的。

我们相信读者能够自己验证下面的事实：任何断言自己神志健全的特兰西瓦尼亚居民事实上是人，而任何断言自己神志错乱的特兰西瓦尼亚居民事实上是吸血鬼。

现在让我们来看这些问题的解答。

1. 露西的陈述非真即假。如果为真，那么姐妹俩实际上都是神志错乱的，从而露西神志错乱，并且所有作真实陈述的神志错乱的特兰西瓦尼亚居民都是神志错乱的吸血鬼。所以，如果露西的陈述是真的，那么露西就是一个吸血鬼。

假设露西的陈述为假。那么姐妹俩中至少有一个是神志健全的。如果露西是神志健全的，那么由于她已经作了一个虚假陈述，所以她必定是一个吸血鬼（神志健全的人所作的陈述必定为真）。假设露西是神志错乱的。那么明娜必定就是那个神志健全者。并且，明娜作了一个和露西的虚假陈述针锋相对的真实陈述。因而，明娜是神志健全的并且作了一个真实陈述，于是她就是人，而露西必定还是那个吸血鬼。

这就证明了不管露西的陈述是真是假，她都是吸血鬼。

2. 我们已经阐明了一个原则："任何说自己是人的特兰西瓦尼亚居民必定是神志健全的，任何说自己是吸血鬼的特兰西瓦尼亚居民必定是神志错乱的。"现在卢格西兄弟都断言自己是人，那么他们都是神志健全的。因此，当大贝拉说他的弟弟神志健全的时候他作了一个真实陈述。所以大贝拉不仅神志健全而且他的陈述都是真的，所以他是人。因而，小贝拉就必定是吸血鬼。

3. 由于迈克尔断言自己是一个吸血鬼，所以他是神志错乱的，而由于彼得断言自己是人，所以他是神志健全的。所以迈克尔神志错乱而彼得神志健全，兄弟俩的神志状态不同。因而，迈克尔的第二个陈述是假的。由于迈克尔神志错乱，所以他必定是人（因为神志错乱的吸血鬼所作陈述必为真）。由此可知，彼得才是吸血鬼。

4. 父亲和儿子对于他们神志状态的问题的回答是一致的。这就意味着他们要么都作了真实陈述要么都作了虚假陈述。既然他们当中只有一个是人而另一个是吸血鬼，他们必定具有不同的神志状态：如果他们都是神志健全的，其中的人就会作真实陈述，而吸血鬼就会作虚假陈述，他们也就不会达成一致；如果他们都是神志错乱的，其中的人就会作虚假陈述而吸血鬼就会作真实陈述，他们依然不会达成一致。因而，实际情况是其中至少有一个是神志错乱的。这就说明他们所作陈述都是真实的。由于父亲说他自己不是一个吸血鬼，那么父亲实际上就不是吸血鬼。所以儿子才是吸血鬼。

5. 假设玛莎是吸血鬼，那么卡尔就是人，由于卡尔还作了真实陈述，所以在此情况下卡尔就必定是一个神志健全的人。既然正如我们被告知的那样，卡尔和玛莎拥有不同的神志状态，那么玛莎就是一个神志错乱的吸血鬼。但是，玛莎作为一个神志错乱的吸血鬼，其对于卡尔是神志错乱的陈述也就是假的，而这是神志错乱的吸血鬼无法做到的。因而，玛莎是一个吸血鬼这一假定出现了矛盾。所以卡尔才是吸血鬼。

我们也可以判定他们是否神志健全。卡尔作了一个虚假陈述，所以作为一个吸血鬼，卡尔是神志健全的。然而玛莎也作了一个虚假陈述，所以作为人，玛莎是神志错乱的。所以完整的答案是：卡尔是一个神志健全的吸血鬼而玛莎是一个神志错乱的人，当卡尔说他的妹妹是一个吸血鬼的时候，他就在撒谎，而玛莎在说她的哥哥神志错乱的时候她是被自己的认知蒙蔽了。（即便在特兰西瓦尼亚这个地方，他们也是非常奇特的一对吧！）

6. 现在我们处于要么两个都是吸血鬼要么两个都是人的情境之中。因而前面两个陈述既不可能都是对的，也不可能都是错的（因为如果它们都是错的，西尔文就是一个吸血鬼而西尔维亚就是人）。所以两个陈述中一个是对的，而另一个是错的。这就意味着他们其中一个是神志健全的而另一个是神志错乱的（因为如果他们都是神志健全的，那么他们的陈述就会在他们都是人的时候真，在他们都是吸血鬼的时候假。）因而，当西尔维亚说他们其中一个神志健全而另一个神志错乱的时候她是对的。这就意味着西尔维亚所作陈述为真。因而她对于她的丈夫是人的陈述就是真的。这就意味着他们都是人(并且顺便说一句,西尔维亚是神志健全的而西尔文是神志错乱的)。

7. 格洛里亚说"无论我丈夫说的是什么,都是真的",这也就意味着她同意她的丈夫对于她神志错乱的评价,换句话说,格洛里亚间接地断言自己神志错乱。正如我们在这些解答之前给出的讨论中证明的那样,只有吸血鬼能够作出这样的断言,由此格洛里亚必定就是一个吸血鬼。因而他们都是吸血鬼。

8. 假设他们是人。那么他们对于他们都是吸血鬼的陈述就都是假的,这也就意味着他们都是神志错乱的人。这也就意味着他们在神志状态上是相同的,因而鲍里斯的第二个陈述是真的,然而一个神志错乱的人不可能作出真实陈述。因此,他们不可能都是人,他们也就都是吸血鬼并且是神志错乱的吸血鬼。

9. 假设他们是人。一个神志健全的人不可能说自己和别人都是神志错乱的,从而他们也就必定都是神志错乱的人。那么你就会发现,神志错乱的人作出了关于他们都神志错乱的真实陈述,而这是不可能的。因而,他们不可能是人,他们也就都是吸血鬼。(他们可能,要么作为神志健全的吸血鬼在撒谎说他们自己神志错乱,要么作为神志错乱的吸血鬼作出关于他们都是神志错乱的真实陈述。记住神志错乱的吸血鬼所作陈述总是真的,尽管他们并不打算那样做!)

10. 路易和玛努艾拉互相矛盾,其中一个必定是对的,而另一个必定是错的。因而其中一个所作陈述为真而另一个所作陈述为假。既然他们要么都是人要么都是吸血鬼,又因为如果他们都是神志健全的,就会在他们都是人的情况下都作出真实陈述,而在他们都是吸血鬼的情况下都作出虚假陈述,那么真实情况必定是他们当中至少有一个是神志错乱的。所以当路易说两者当中至少有一个神志错乱的时候,路易就是对的。因而路易所作陈述为真,那么当路易说他们都是人的时候,这个陈述同样是对的。这就证明了他们都是人。(顺便说一句,路易是神志健全的,而玛努艾拉则是神志错乱的。)

11. 如果一个特兰西瓦尼亚居民所作的陈述是正确的,那么我们就称他是*可靠的*,而如果他所作的陈述是不正确的,那么我们就称他为*不可靠的*。可靠的特兰西瓦尼亚居民要么是神志健全的人要么是神志错乱的吸血鬼,而不可靠的特兰西瓦尼亚居民要么是神志错乱的人要么是神志健全的吸血鬼。现在,A断言B是神志健全的,还断言B是一个吸血鬼。A的两个陈述要么都真要么都假。如果它们都是真的,那么B是一个神志健全的吸血鬼,这也就意味着B是不可靠的;如果它们都是假的,那么B必定是一个神志错乱的人,也同样意味着B是不可靠的。所以无论A的断言都真还是都假,B都是不可靠的。因而B的断言都是假的,A也就既不是神志错乱的也不是人,因此A必定就是一个神志健全的吸血鬼。这就同样意味着A是不可靠的,所以A的断言都是假的,也就意味着B必定是一个神志错乱的人。所以答案是,A是一个神志健全的吸血鬼而B是一个神志错乱的人。

顺便说几句,这个问题仅仅是我们可以设计出来的十六个都有唯一解答并且都有相似性质的问题当中的一个。无论A对于B的神志状态以及B是人还是吸血鬼分别作出什么样的陈述,无论B对于A的神志状态以及A是人还是吸血鬼作出什么样的陈述,这四个陈述的*组合*——这样的组合有十六种可能性——将唯一确定A和B的准确特征。比如,如果A说B是人而且说B是神志健全的,B说A是一个吸血鬼而且说A是神志错乱的,那么相应的答案就是B是一个神志健全的人而A是一个神志错乱的吸血鬼。再假设A说B是神志健全的而且说B是一个吸血鬼,B说A是神志错乱的而且说A是一个吸血鬼。那么A和B的准确特征分别是什么呢?答案就是:A是一个神志健全的人而B是一个神志健全的吸血鬼。

你已经明白如何解决这十六个可能问题以及为什么每一个都必定有一个唯一的解答了吗?如果还没有明白,可以按照下面的方法来理解。A能够作出四种关于B的可能陈述的组合,也就是:(1)B是神志健全的,B是人;

(2)B是神志健全的,B是吸血鬼;(3)B是神志错乱的,B是人;(4)B是神志错乱的,B是吸血鬼。在这四种情况之下的每一种里面,我们都能确定B是否可靠。在第1种情况下,不管A的陈述是都真还是都假,B必定是可靠的——因为如果A的陈述都真,B是一个神志健全的人,因此B是可靠的,而如果A的陈述都假,B是一个神志错乱的吸血鬼,B还是可靠的。同样地在第4种情况下,B必定是可靠的。在第2和第3种情况下,B必定是不可靠的。所以从A的两个陈述我们总是能够确定B的可靠性。以同样的方法,从B的两个陈述我们能够确定A的可靠性。那么,当我们知道A和B各自的可靠性时,我们就知道他们的四个陈述当中哪些是真的而哪些是假的,因而问题也就得到了解决。

我还想补充说明的是,如果A和B不是分别作出关于对方的*两个陈述*,而是作出那两个陈述的合并,那么这个问题就无法解决。比如,如果A不是作出两个独立的陈述"B是神志健全的"和"B是一个吸血鬼",而是说"B是一个神志健全的吸血鬼",我们就无法推断出B是否可靠。这是因为如果A的陈述正确,B就是一个神志健全的吸血鬼,但是如果A的陈述不正确,B可能是一个神志错乱的吸血鬼,也可能是一个神志健全的人,还可能是一个神志错乱的人。

12. 一个问题足矣! 你只需要问他:"你是人吗?"或者"你神志健全吗?"抑或"你是一个神志健全的人吗?"假设你问他:"你是人吗?"哦,如果和你对话的是神志健全的人,他当然会回答"是"。但是假设和你对话的是神志错乱的吸血鬼,作为一个神志错乱者,他就会错误地相信自己是人,而作为一个吸血鬼,他就会撒谎说"否"。所以神志健全的人会回答"是",而神志错乱的吸血鬼会回答"否"。因而,如果你得到的回答是"是",你就会知道他是一个神志健全的人,而如果你得到的回答是"否",你就会知道他是一个神志错乱的吸血鬼。

现在,更为有趣的是,第一个哲学家的辩论错在哪里呢? 当第一个哲学家说"如果你问那兄弟俩相同的问题,你会得到相同的答案"这样的话时,他的确是对的。这个哲学家没有认识到的是,如果你问那兄弟俩:"*你是人吗?*"你实际上问的并不是相同的问题而是两个*不同的*问题,因为这个问题包含了"你",它的意义取决于被提问者究竟是谁!所以,尽管你用同一句话向两个不同的对象提问,但是你实际上提出了不同的问题。

　　换一个角度来看。假设已经知道兄弟俩的名字,比方说约翰是其中那个神志健全的人的名字,而吉姆是那个神志错乱的吸血鬼的名字。如果我分别问他们:"约翰是人吗?"兄弟俩就都会回答"是",因为我现在向他们提出的是*相同的*问题。同理,如果我问:"吉姆是人吗?"兄弟俩就都会回答"否"。但是如果我问他们:"*你是人吗?*"那么实际上我在两个情境中问的问题是不同的。

第二部分

谜题和元谜题

发问者之岛

在浩瀚海洋中的某处，有一个被称作"发问者之岛"的非常奇怪的岛屿。它的名字源于岛上的居民从来不作陈述而只是提问题。那么他们怎样进行交流呢？我们会在后面详细讨论这个问题。

这里的居民仅仅问那些可以回答"是"或者"否"的问题。所有居民可划分为两种类型，A 和 B。A 类型的居民仅仅问那些正确答案是"是"的问题，而 B 类型的居民仅仅问那些正确答案是"否"的问题。比如，一个 A 类型的居民可能问："二加二等于四吗？"但是不能问二加二是否等于五。一个 B 类型的居民不能问二加二是否等于四，但是可能问二加二是否等于五，或者二加二是否等于六。

1

假设你遇见这个岛上的一个居民，并且他问你："我属于 B 类型吗？"你会得出什么结论呢？

2

假设他问的是另外一个问题："我属于 A 类型吗？"你又会得出什么结论呢？

3

有一次我游览这个岛屿的时候，遇见一对名叫伊桑·罗素和维奥里特·

罗素的夫妇。我听见伊桑问另外一个人："维奥里特和我都属于B类型吗？"

维奥里特属于哪一种类型呢？

4

还有一次我遇见兄弟二人,他们的名字分别叫亚瑟和罗伯特。亚瑟问罗伯特："我们当中至少有一个属于B类型吗？"

亚瑟和罗伯特分别属于什么类型呢？

5

接下来我遇见一对姓戈登的夫妇。戈登先生问他的妻子："亲爱的,我们是不同类型的人吗？"

他们分别是什么类型呢？

6

后来我遇见一个姓佐恩的居民,他问我："我属于那种可以问我自己是否属于B类型的类型吗？"

可以推断出佐恩所属的类型吗？抑或这个故事是不可能的？

7

从一个极端来到另一个极端,一个居民问我："我属于那种可以问我现在正在问的这个问题的类型吗？"

可以推断出他的哪些情况？

8

我接下来遇见一对姓克林克的夫妇。克林克夫人问她的丈夫："你属于那种可以问我我是否属于A类型的类型吗？"

可以推断出克林克先生和夫人的什么情况呢？

9

后来我遇见一对名叫约翰·布莱克和贝蒂·布莱克的夫妇,贝蒂问约翰："你属于那种可以问我们当中是否至少有一个属于B类型的类型吗？"

约翰和贝蒂分别属于哪种类型呢？

评论:最后两个谜题让我回想起我在若干年前听过的一首歌的名字。

它出自一张恶搞的音乐专辑。这首特别的歌曲名叫《我不能适应这个已经适应了我的你》。

10

接下来的事情实在是一团逻辑乱麻！我遇见爱丽丝、贝蒂和辛西娅姐妹三人。爱丽丝问贝蒂："你可以问辛西娅，她是否可以问你，你们两个是否属于不同的类型吗？"

当我从她们身旁走过的时候，我就开始尝试解决这个问题，并且最终意识到只能推断出三个女孩其中一个的所属类型。是哪一个呢？她属于哪一种类型？

一个奇怪的遭遇

我在这个发问者之岛上亲身经历的所有语言交流当中，接下来的三次交流是最怪异的！第3章的一个疯人院有三个病人逃了出来，并决定造访这个岛屿。我们可以回想起来，这些疯人院中的病人要么是神志健全的，要么是神志错乱的，并且神志健全者的所有认知都完全正确，而神志错乱者的所有认知都完全不正确。我们也可以回想起来，那些病人无论是神志健全的还是神志错乱的，均是诚实的，除他们信以为真的陈述外，他们不作任何陈述。

11

在他们抵达后的第二天，其中一个名叫阿诺德的病人遇见了岛上的一个居民。那个居民问他："你相信我属于B类型吗？"

由此可以推断出那个居民的什么情况，以及阿诺德的什么情况呢？

12

第二天，这三个病人中的另外一个名叫托马斯的，和一个居民进行了一次长时间的交谈（如果你可以称之为交谈——托马斯一直陈述而那个居民则一直提问），其间那个居民问托马斯："你相信我属于那种可以问你你是否神志错乱的类型吗？"

由此可以推断出那个居民的什么情况,以及托马斯的什么情况?

13

几天以后,我和第三个病人进行了一次交谈。他的名字叫威廉。威廉告诉我他在前一天无意中听到托马斯和一个叫哈尔的当地人之间的一次交谈,其间托马斯对哈尔说:"你属于那种可以问我是否相信你属于B类型的类型。"

由此可以推断出托马斯、哈尔及威廉的什么情况?

谁是巫师?

我的奇遇行进至此,仍然不知道托马斯是神志健全的还是神志错乱的,而我已经没剩多少时间可以用来找出真相。第二天,这三个病人离开了这个岛屿。后来我听说,他们都已经自愿回到他们当初出逃的疯人院了。显然他们在那儿很快乐,因为他们都一致认为疯人院外面的生活比疯人院里面的生活还疯狂。

哦,发问者之岛恢复常态让人感到宽慰。后来我听到一个让我非常感兴趣的谣言,说这个岛上可能有一个巫师。其实,从童年开始我就一直对巫师着迷,所以我非常急切地希望遇见一个真正的巫师,如果这个谣言为真的话。我想象着我可以怎样把他找出来。

14

幸运的是,某一天一个居民问了我一个问题,然后我就知道这个岛上必定有一个巫师。

你能给出这样的一个问题吗?

现在,你也许正在想,既然岛上的居民从来不作陈述而只提问题,我怎么可能听到关于这个岛上有一个巫师的谣言,或者更进一步,听到和这个岛屿有关的任何事情。假如你还没有弄明白这个问题,那么这个问题的答案将清楚地展示岛上的居民是如何像普通人一样自由地交流信息的(只不过较为笨拙罢了）。

正如你所想象的那样,我欣喜于发现在这个岛上真的有一个巫师。我还知道他是这个岛上唯一的巫师。但是我却不知道他是谁。后来我还发现有一个大奖专门为能够正确地猜出他的名字的游客而设置。唯一的缺憾就是任何猜错名字的游客都会被处决。

所以第二天早上我就早早地起了床,到岛上各处转悠,希望居民会问我足够多的问题以便帮助我准确地推断出谁是那个巫师。于是发生了下面这些事情:

15

我遇见的第一个居民名叫亚瑟。他问我:"我是那个巫师吗?"

我有充足的信息判断谁是那个巫师吗?

16

下一个当地人名叫伯纳德。他问我:"我属于那种能够问自己是否非巫师的类型吗?"

我已经有充足的信息了吗?

17

下一个当地人,查尔斯,问道:"我属于那种可以问那个巫师是否属于可以问我是否就是那个巫师的类型的类型吗?"

我已经有充足的信息了吗?

18

下一个居民名叫丹尼尔。他问道:"那个巫师属于B类型吗?"

我已经有充足的信息了吗?

19

下一个居民名叫埃德温。他问道:"那个巫师和我属于同一类型吗?"

有啦! 我现在已经有充足的信息解开这个秘密啦!

谁是那个巫师呢?

附加题

你是一个好侦探吗？我们回想起那个造访了这个岛屿的病人托马斯。他实际上是神志健全的,还是神志错乱的呢?

解答

1. 这个岛屿的任何一个居民都不可能问你这个问题。如果一个A类型的居民问:"我是B类型的吗?"那么正确的答案就是"否",但是一个A类型的居民不可能问一个正确答案是"否"的问题。因而没有A类型的居民可以问这个问题。如果一个B类型的居民问这个问题,那么正确的答案就是"是",但是一个B类型的居民不可能问一个正确答案是"是"的问题。因而,一个B类型的居民也不可能问这个问题。

2. 什么都不能推断出来。这个岛屿的任何一个居民都可以问自己是否属于A类型,因为他要么属于A类型要么属于B类型。如果他属于A类型,那么对于"我是A类型吗?"这个问题的正确回答就是"是",而任何一个A类型的居民都可以问任何一个正确答案是"是"的问题。如果那个居民属于B类型,那么对这个问题的正确回答就是"否",而任何一个B类型的居民都可以问任何一个正确答案是"否"的问题。

3. 我们首先必须确定伊桑的类型。假设伊桑属于A类型。那么对于他的问题正确的答案必定就是"是"("是"是所有A类型的居民的问题的正确答案),这也就意味着伊桑和维奥里特都属于B类型,也就是伊桑属于B类型,这与假设相矛盾。因而伊桑不可能是A类型,他必定是B类型。既然伊桑是B类型,他的问题的正确答案就是"否",所以伊桑和维奥里特并不都是B类型。这就意味着维奥里特必定是A类型。

4. 假设亚瑟是B类型。那么在这兄弟俩当中至少有一个人是B类型,于是亚瑟的问题的正确答案就是"是",这也就意味着亚瑟是A类型。这与假设相矛盾,因而亚瑟不可能属于B类型,他必定属于A类型。由此得出亚瑟的问题的正确答案是"是",这也就意味着他们当中至少有一个人是 B 类型。既然亚瑟不是 B 类型,那么 B 类型的必定是罗伯特。所以亚瑟是 A 类型的,而罗伯特则是 B 类型。

5. 关于戈登先生我们不能推出任何结果,但是我们却可以推断出戈登夫人必定是 B 类型。理由如下:

戈登先生要么属于 A 类型,要么属于 B 类型。假设他是 A 类型,那么他的问题的正确答案就是"是",这也就意味着他们两个人属于不同的类型。这意味着戈登夫人必定是 B 类型(既然她的丈夫属于 A 类型而他们属于不同的类型)。所以,如果戈登先生是 A 类型,那么戈登夫人必定是 B 类型。

现在假设戈登先生是 B 类型。那么他的问题的正确答案就是"否",这也就意味着他们两个人并非属于不同的类型,他们属于相同的类型。这意味着戈登夫人也属于 B 类型。所以如果戈登先生是 B 类型,那么戈登夫人也是 B 类型。

这就证明了不管戈登先生属于 A 类型还是属于 B 类型,戈登夫人都属于 B 类型。

另一个简单得多但又更为精致的证明是这样的:我们从第一个问题已经知道,在这个岛上没有人能够问自己是否属于 B 类型。现在,如果戈登夫人属于 A 类型,那么对于任何一个居民来说,问自己和戈登夫人是否属于不同的类型就等于问自己是否属于 B 类型,而后面这一点是没人能做到的。因而,戈登夫人不可能属于 A 类型。

6. 这个故事是完全可能的,而且佐恩必定属于 B 类型。最容易明白这一点的方法是回想一下问题 1 带给我们的那个事实:这个岛屿的居民当中没有一个能够问他自己是否属于 B 类型。所以当佐恩问他自己是否属于能够问他自己是否属于 B 类型的类型时,正确的答案是"否"(因为没有一个居民可以问他自己是否属于 B 类型)。既然正确的答案是"否",那么佐恩必定是 B 类型。

7. 既然这个当地人刚刚*确实*问了这个问题,那么显而易见,他*能够*问这个问题。因而他的问题的正确答案是"是",并且他是A类型。

8. 关于克林克夫人我们不能推断出任何结果,但是我们却可以推断出克林克先生必定是A类型。原因如下。假设克林克夫人是A类型。那么她的问题的正确答案就是"是",这就意味着克林克先生*能够*问克林克夫人她是否属于A类型。并且,既然克林克夫人是A类型,克林克先生的那个可能问题的正确答案就是"*是*",这就得出克林克先生是A类型。所以,如果克林克夫人是A类型,那么她的丈夫也是A类型。现在假设克林克夫人是B类型,那么她的问题的正确答案就是"否",也就意味着克林克先生不属于那种可以询问克林克夫人她是否属于A类型的类型。因此克林克先生不可能问一个正确答案是"否"的问题,所以他必定是A类型。所以不管克林克夫人属于哪一个类型,克林克先生都属于A类型。

9. 假设贝蒂是A类型,那么她的问题的正确答案就是"是",从而约翰就能够问他们当中是否至少有一个人是B类型。可是这会产生一个矛盾:如果约翰是A类型,那么"他们当中至少有一个是B类型"这一说法就是假的。因而约翰的问题的正确答案就会是"否",然而这对于一个A类型的居民来说是不可能的。如果约翰是B类型,那么"他们当中至少有一个是B类型"这一说法就是真的,约翰的问题的答案也就是"是"。但是一个B类型的人不可能问正确答案是"是"的问题。因而贝蒂是A类型这一假定就是不可能的,她必定是B类型。

既然贝蒂是B类型,那么她的问题的正确答案就是"否",这也就意味着约翰不可能问她他们当中是否至少有一个是B类型。如果约翰是A类型,那么他就*能够*问那个问题,因为"他们当中是否至少有一个(也就是贝蒂)是B类型"这个问题的答案就是"是"。既然约翰不可能问那个问题,那么他必定是B类型。

所以答案是他们两个都是B类型。

10. 解决这个问题最简单的办法是逐级递推。首先,我们很容易证明下面两个命题成立:

命题1：对于任意一个 A 类型的居民 X，没有一个居民可以问自己和 X 是否属于不同类型。

命题2：对于任意一个 B 类型的居民 X，任意一个居民都可以问自己和 X 是否属于不同类型。

我们已经在问题 5 的解答中证明了命题 1。在那个解答中我们看到如果戈登夫人是 A 类型，那么戈登先生就*不可能*问他和戈登夫人是否属于不同的类型。

至于命题 2，如果 X 是 B 类型，那么问一个人和 X 是否属于不同类型就等价于问一个人是否属于 A 类型。此外，正如我们在问题 2 的解答中看到的那样，任何人都可以问这样的问题。因而，如果 X 是 B 类型，那么任何一个人都可以问自己和 X 是否属于不同类型。

现在回到原题目。我将证明爱丽丝的问题的正确答案是"否"，因而爱丽丝必定属于 B 类型。换句话说，我将证明对于贝蒂来说不可能问辛西娅，辛西娅是否属于可以问贝蒂，辛西娅和贝蒂是否属于不同类型的类型。

假设贝蒂问辛西娅，辛西娅是否能够问辛西娅和贝蒂属于不同类型。我们就会得到下面的矛盾。贝蒂要么是 A 类型要么是 B 类型。假设贝蒂是 A 类型。那么根据命题 1，辛西娅可以问她自己和贝蒂是否属于不同类型，从而贝蒂的问题的答案就是"否"，然而由于贝蒂是 A 类型，这是不可能的！假设贝蒂是 B 类型。那么根据命题 2，辛西娅*能够*问她自己和贝蒂是否属于不同类型，贝蒂的问题的答案也就是"是"，然而由于贝蒂是 B 类型，这是不可能的。

这就证明了爱丽丝问贝蒂自己是否可以问的任意一个问题，却是贝蒂绝不可能问辛西娅的问题，所以爱丽丝的问题的正确答案就是"否"，而且爱丽丝是 B 类型。至于贝蒂和辛西娅的类型，我们则无法确定。

11. 我认为这个问题是这章中最有趣的，因为一方面我们无法推断出那个问问题的居民的任何情况，另一方面尽管据我们所知阿诺德从来没有开过口，我们却可以知道他必定是神志错乱的！事实是，因为问一个神志健全的人他是否相信某个情况是如此如此的等于是问某个情况是否实际上就是如此如此的,并且没有一个居民可以问自己是否属于B类型,所以没有一个居民可以问一个*神志健全*的人是否相信这个居民属于B类型。所以没有一个居民X可以问一个神志健全的人是否相信X是B类型的。

另外(我们在后面的一个问题中还需要用到这个事实),任意一个居民X可以问一个*神志错乱*的人是否相信X是B类型,这是因为问一个神志错乱的人那个问题等于问他X是否属于A类型,而正如我们已经知道的那样,这样的提问是任意一个居民X都可以办到的。

12. 无法推断出托马斯的任何情况,但是问那个问题的人必定是B类型。为此,假设他是A类型,那么他的问题的正确答案就是"是",这就意味着托马斯确实相信那个居民可以问托马斯他是否神志错乱。现在,托马斯要么神志健全要么神志错乱。假设他神志健全。那么他的认知就是正确的,这也就意味着那个居民可以问托马斯他是否神志错乱。但是一个A类型的人可以问一个问题的前提条件是这个问题的正确答案是"是",这就意味着托马斯必定是神志错乱的,所以从托马斯神志健全的假设得出了托马斯神志错乱的结论。因而,假定托马斯神志健全就会出现矛盾。另一方面,假设托马斯是神志错乱的。那么托马斯对于那个居民可以问托马斯是否神志错乱的信念就是错的,从而那个居民就不能问托马斯他是否神志错乱。(否则托马斯就会回答"否",可是在那个当地人属于A类型的情况下,这是不可能的。)但是,假定托马斯神志错乱并且那个居民属于A类型,那么根据发问者之岛的规则,那个居民就*可以*问托马斯是否神志错乱。由于这个问题的正确答案是"是",所以假定托马斯神志错乱也会出现矛盾。

摆脱矛盾的唯一途径是,那个当地人必定是B类型而不是A类型,这样的话,不管托马斯是神志健全的还是神志错乱的,都不会有矛盾出现。

13. 我将证明威廉报道的那个故事实际上是永远不可能发生的,因而威廉必定是神志错乱的才会相信发生了那样的故事。

假设那个故事是真的,我们就会得出下面的矛盾。假设托马斯是神志健全的,那么他的陈述就是正确的,这也就意味着哈尔可以问托马斯他是否相信哈尔是B类型的。但是根据问题11的解答,这就意味着托马斯是神志错乱的! 所以假定托马斯是神志健全的就会出现矛盾。另外,假设托马斯是神志错乱的,那么他的陈述就是假的,从而哈尔不可能问托马斯他是否相信哈尔是B类型。但是,正如我们在问题11中看到的那样,一个当地人可以问一个神志错乱的人他是否相信这个居民属于B类型,所以我们在这种情况下也得出一个矛盾。

摆脱矛盾的唯一出路是,托马斯从来不向任何一个居民问那样的问题,而威廉只是想象托马斯那样问过罢了。

14. 许多问题都可以满足条件。我最喜欢的一个问题是:"我属于那种可以问这个岛上是否有一个巫师的类型吗?"

假设那个提问者是A类型。那么他的问题的正确答案就是"是",也就意味着那个提问者可以问这个岛上是否有一个巫师。作为A类型的居民,他可以问这个岛上是否有一个巫师的前提条件是这个岛上事实上有一个巫师(所以那个正确答案才会是"是")。因而,如果那个提问者属于A类型,那么这个岛上必定有一个巫师。

假设那个提问者是B类型。那么他的问题的正确答案就是"否",这就意味着他不可能问这个岛上是否有一个巫师。现在如果这个岛上确实没有巫师,那么提问者作为B类型的居民就可以问这个岛上是否有一个巫师(因为正确答案是"否")。但是正如我们看到的那样,提问者不能问这个问题,那么就可以推出这个岛上事实上必定有一个巫师。这就证明了如果那个提问者是B类型,那么这个岛上有一个巫师。所以不论提问者是A类型还是B类型,这个岛上都必定有一个巫师。

15. 当然没有!

16. 唯一能够推断出来的情况就是,伯纳德不是那个巫师(依据的推理方法和问题14的解答相同)。

17. 唯一能够推断出来的情况就是,那个巫师属于那种可以问查尔斯是否就是那个巫师的类型。(记住,正如我们在问题11中发现的那样,当一个当地人问"我属于那种可以问如此如此的类型"的时候,这个如此如此的情况事实上必定是真的。)

18. 唯一能够推断出来的情况就是,丹尼尔不是那个巫师(因为那个巫师不可能问"那个巫师是否属于B类型"这种问题,没有人可以问他自己是否属于B类型)。

19. 单独从埃德温提出的问题不可能推断出谁是那个巫师,但是由埃德温的问题加上之前的问题,这个问题就可以得到彻底解决!

从埃德温的问题可以得到的是那个巫师必定是A类型。为此,假设埃德温是A类型。那么他的问题的正确答案就是"是",从而他和那个巫师实际上就属于相同类型,所以那个巫师也是A类型。另一方面,假设埃德温是B类型。那么他的问题的正确答案就是"否",这就意味着他和那个巫师不属于相同的类型。既然埃德温是B类型而那个巫师和埃德温不属于相同的类型,那么那个巫师必定还是属于A类型。

这就证明了那个巫师是A类型。现在我们已经在问题17当中看到,那个巫师可以提出查尔斯是否就是那个巫师这个问题。既然那个巫师属于A类型,那么回答刚才那个问题的正确答案就是"是"。从而查尔斯必定就是那个巫师!

附加题

我告诉过你,阿诺德、托马斯和威廉都一致同意在疯人院外面的生活比在疯人院里面的生活还疯狂。既然托马斯同意阿诺德和威廉的看法,而那两个人都是神志错乱的,那么托马斯必定也是神志错乱的。

第6章

梦 之 小 岛

我曾经梦见有一个叫梦之小岛的岛屿。这个岛屿的居民做的梦都非常生动。诚然,他们睡着时的思想仍然和他们清醒时的思想一样生动。另外,他们一个晚上接着一个晚上的睡梦人生有着和他们一个白天接着一个白天的清醒人生一样的连续性。以至于某些居民有时候不能轻易地判断他们在某个给定的时刻是清醒的还是睡着的。

现在,非常凑巧的是,所有居民可以划分成两种类型:*白昼型*和*夜晚型*。一个白昼型居民的特征就是,当他清醒的时候他相信的每一样东西都是真的,而当他睡着的时候他相信的每一样东西都是假的。一个夜晚型的居民则与此相反:当一个夜晚型的居民睡着的时候他相信的每一样东西都是真的,而当他清醒的时候他相信的每一样东西都是假的。

1

在某个特定的时刻,一个居民相信他属于白昼型。

可以确定他的判断是不是正确吗? 可以确定他当时是清醒的还是睡着的吗?

2

在另外一个场合,一个居民相信他当时睡着了。可以确定他的判断是否正确吗? 可以确定他属于什么类型吗?

3

（a）一个居民对于他属于白昼型还是夜晚型这一问题的看法永远都不会改变吗？

（b）一个居民对于他当时是清醒的还是睡着的这一问题的看法永远都不会改变吗？

4

在某个时刻，一个居民相信自己要么当时睡着了要么是属于夜晚型的，或者同时相信两者。("或者"意味着*至少一个*或*可能都*。)

可以确定她当时是清醒的还是睡着的吗？可以确定她属于什么类型吗？

5

在某个时刻，一个居民相信他自己属于白昼型并且在当时睡着了 。他实际上是什么类型呢？

6

在这个岛上有一对姓卡尔蒲的夫妇。在某个时刻，卡尔蒲先生相信他和他的妻子都属于夜晚型。同一时刻，卡尔蒲夫人相信他们并不都属于夜晚型。碰巧，当时他们中一个是清醒的而一个是睡着的。他们中哪一个是清醒的呢？

7

在这个小岛上有另外一对夫妇，他们姓拜伦。他们中一个属于夜晚型而另外一个属于白昼型。在某个时刻妻子相信他们要么都睡着了要么都是清醒的。同一时刻，丈夫相信他们既不都是睡着的也不都是清醒的。

哪一个是对的呢？

8

这里有一个特别有趣的情况：在某个时刻，一个叫爱德华的居民令人惊奇地相信他和他的妹妹都属于夜晚型，但同时他不属于夜晚型。

这怎么可能呢？他是夜晚型还是白昼型呢？他的妹妹呢？当时他是清

醒的还是睡着的呢?

9. 王室一家

这个小岛有一个国王和一个王后,还有一个公主。在某个时刻,公主相信她的父母是不同类型的。12 小时以后,她改变了她的状态(要么从睡着变成清醒要么从清醒变成睡着),于是她相信她的父亲是白昼型而她的母亲是夜晚型。

国王是什么类型的,王后又是什么类型的?

10. 巫医的情况如何?

假如没有巫师、魔术师、药师、巫医,或者其他诸如此类的人物,一个岛屿是不完整的。而这个岛屿碰巧有一个巫医并且只有一个巫医。现在有一个特别有趣的谜题是关于那个巫医的:

在某个时刻,一个名叫沃克的居民怀疑自己就是那个巫医。沃克得出结论:如果自己属于白昼型并且当时是清醒的,那么自己必定就是那个巫医。同一时刻,另外一个叫博克的居民相信,如果自己属于白昼型而且正处于清醒状态或者属于夜晚型而且正处于睡眠状态,那么自己就是那个巫医。碰巧,沃克和博克当时要么都睡着了要么都是清醒的。

那个巫医是白昼型的还是夜晚型的呢?

11. 一个元谜题

我曾经向一个朋友提出关于这个岛屿的以下谜题:

"一个居民某个时刻相信自己属于白昼型而且正处于清醒状态。他的真实情况如何?"

我的朋友考虑了一会儿这个问题然后答道:"你显然没有给我充足的信息!"当然我的朋友是对的! 然后朋友又问我:"你知道他是什么类型并且他当时是清醒的还是睡着的吗?"

"噢,是的。"我答道,"我碰巧对这个居民很熟悉,我知道他的类型以及他当时的状态。"

然后我的朋友问了我一个犀利的问题:"如果你告诉我他是白昼型还是

夜晚型,那么我就会有充足的信息判断出他当时是清醒的还是睡着的吗?"我如实地回答了("是"或者"否"),然后朋友就解决了这个谜题。

那个居民是白昼型还是夜晚型? 他当时是清醒的还是睡着的呢?

12. 一个更困难的元谜题

在另外一个场合,我把关于这个岛屿的以下谜题告诉了一个朋友:

"一个居民某个时刻相信她属于夜晚型而且正处于睡眠状态。她的真实情况如何?"

我的朋友立即意识到我没有给出充足的信息。

"假设你告诉我那位女士是夜晚型还是白昼型,"我的朋友问我,"然后我就能够推断出她当时是睡着了还是清醒的吗?"

我如实地回答了,但是他还是不能解决这个问题(仍然没有充足的信息)。

几天以后,我向另外一个朋友提出了同一个问题(只是没有告诉他关于第一个朋友的事情)。第二个朋友也意识到我没有给出充足的信息。然后他问了我下面的问题:"假设你告诉了我那位女士当时是清醒的还是睡着了,然后我就有充足的信息判断她是白昼型还是夜晚型吗?"

我如实地回答了,但是他还是不能解决这个问题(也没有充足的信息)。

现在,你却拥有充足的信息解决这个谜题啦! 那位女士是白昼型还是夜晚型? 她当时是清醒的还是睡着的?

结语

假设真的存在本章中描述的那么一个岛屿,并且假设我就是其中一个居民。那么我会是白昼型还是夜晚型呢? 基于我在这章里面说过的内容,这个问题是可以回答的。

解答

1,2,3. 让我们首先来看看下面这些必定成立的定律:

定律1:一个居民在清醒的时候相信他自己是白昼型的。

定律2:一个居民在睡着的时候相信他自己是夜晚型的。

定律3:白昼型的居民一直相信他自己是清醒的。

定律4:夜晚型的居民一直相信他自己是睡着的。

为了证明定律1,假设X是一个在给定时刻处于清醒状态的居民。如果X是白昼型的,那么他是白昼型的而且当时是清醒的,因而他当时的认知就是正确的,他也就知道他自己是白昼型的。如果X是夜晚型的。那么由于他是夜晚型的而且当时是清醒的,他当时的认知就是错,因而他就会错误地相信他是白昼型的。概而言之,在X清醒的情况下,如果他是白昼型的,那么他就会正确地相信他是白昼型的,而如果他是夜晚型的,那么他就会错误地相信他是白昼型的。

定律2的证明与定律1相仿。在X睡着了的情况下,如果他是夜晚型的,那么他就会正确地相信他是夜晚型的,而如果他是白昼型的,他就会错误地相信他是夜晚型的。

为了证明定律3,假设X是白昼型的。当他清醒的时候,他的认知是正确的,因而他就知道他当时是清醒的。但是当他睡着的时候,他的认知是错误的,因而他就错误地相信他是清醒的。所以,当他清醒的时候他正确地相信他是清醒的,而当他睡着的时候他会错误地相信他是清醒的。

定律4的证明和定律3的证明相似,我把它留给读者去解决。

现在让我们来解决问题1。虽然我们无法确定他的认知是否正确,但是他当时必定处于清醒状态,因为如果他当时是睡着的,他就会相信他自己是夜晚型的而不是白昼型的(根据定律2)。

至于问题2,我们仍然无法确定他的认知是否正确。但是那个居民必定是夜晚型的,因为如果他是白昼型的,他就一定会相信自己是清醒的而不是睡着的(根据定律3)。

至于问题3,对于(a)的回答是"否"(因为根据定律1和定律2,一个居民对于他属于白昼型还是属于夜晚型的看法会根据他自己状态的变化——也就是从清醒状态变成睡眠状态,或者从睡眠状态变成清醒状态——而变化),而对于(b)的回答则是"是"(根据定律3和定律4)。

4. 你可以通过依次考虑这四种可能性的每一种来系统地解决这个问题:(1)她是夜晚型的而且当时是睡着的;(2)她是夜晚型的而且当时是醒着的;(3)她是白昼型的而且当时是睡着的;(4)她是白昼型的而且当时是醒着的。然后你可以看到哪一种可能性才是和给定条件相容的。然而,我更喜欢下面的论证方法:

首先,她的信念可能是不正确的吗? 如果不正确,那么她当时并没有睡着而且她也不是夜晚型的,也就意味着她属于白昼型而且当时是醒着的。然而由于一个醒着的而且属于白昼型的人不可能拥有一个不正确的信念,这就出现了一个矛盾。所以她的信念必定是正确的。这就意味着她当时是睡着的而且她属于夜晚型。

5. 你可以再一次通过依次尝试这四种可能性的每一种来系统地解决这个问题,但是我再一次更喜欢一个更具有创造性的解法。

他的信念可能是正确的吗? 如果果真如此,那么他实际上当时就是睡着的而且他属于白昼型,但是如果他处于睡眠状态并且是白昼型的,他就不可能拥有一个正确的认知。因而,他的认知是错误的。现在,一个居民可以有错误认知的场合就是当他要么处于睡眠状态并且属于白昼型要么处于清醒状态并且属于夜晚型。如果他处于睡眠状态并且属于白昼型,那么他的判断就是正确的(因为那就是他所相信的东西)。因而他必定在当时处于清醒状态并且他属于夜晚型。

6. 如果你打算利用上面的系统方法解决这个问题,那么你就会有16种情况需要考虑!(丈夫那方有4种可能性,而对于这4种可能性的每一种又将叠加来自妻子那方的4种可能性。)幸运的是,有一种更为简单的方法可以用来处理这个问题。

首先,由于两个人中一个是睡着的而另一个是醒着的,再由于他们具有相反的认知,那么他们必定属于同一类型,也就是说,要么都是白昼型要么都是夜晚型:因为如果他们属于不同的类型,那么在他们都睡着或者都清醒的时候他们的认知就会相反,而在他们一个睡着而另一个清醒的时候他们的认知就会相同。既然他们的认知在一个睡着而另一个清醒的时候并不相同,那么他们必定属于相同类型。

在知道他们要么都是夜晚型要么都是白昼型的情况下,让我们假设他们都是夜晚型。那么卡尔蒲先生当时的认知就是正确的。而且既然他是夜晚型,他必定在当时是睡着的。现在,假设他们都是白昼型,那么卡尔蒲先生在相信他们都是夜晚型这件事上显然是错误的,而由于他是白昼型并且认知错误,那么他必定在当时是睡着的。所以无论他们是夜晚型还是白昼型,在当时卡尔蒲先生一定是睡着的,而卡尔蒲夫人是醒着的。

7. 这个问题甚至更简单一些。既然丈夫和妻子属于不同的类型,那么当他们处于相同状态,也就是都睡着或者都醒着的时候,他们的认知必定是相反的,而他们处于不同的状态,一个睡着一个醒着的时候,他们的认知必定是相同的。既然在同一时刻他们的认知相反,那么他们当时必定处于相同的状态,都是睡着的或者都是醒着的。因而,妻子是对的。

8. 显而易见的是,爱德华当时一定是处于不可靠的心智状态才会相信这两个在逻辑上不相容的命题!所以,爱德华的认知必定都是错误的。既然他相信他和他的妹妹都是夜晚型,那么他们并不都是夜晚型。而且既然他相信他不是夜晚型,那么他就是夜晚型。所以他是夜晚型,而他们并不都是夜晚型,所以他的妹妹是白昼型。既然他是夜晚型而且当时错误地相信着一些事情,那么他一定是醒着的。所以,答案就是他是夜晚型,他的妹妹是白昼型,并且他是醒着的。

9. 既然公主改变了状态,那么她的两个认知当中有一个就是正确的而另一个就是不正确的。这就意味着下面两个命题当中一个是真的而另一个是假的:

(1)国王和王后是不同类型的。

(2)国王是白昼型而王后是夜晚型。

如果(2)是真的,那么(1)就一定是真的,但是我们知道(2)和(1)不可能都是真的。因而,(2)必定是假的,从而(1)必定是真的。所以国王和王后实际上是不同类型的,但是国王属于白昼型而王后属于夜晚型这一判断就不是真实的。因而,国王是夜晚型而王后是白昼型。

10. 假设沃克是白昼型并且在当时是醒着的。那么可以断定沃克必定是那个巫医吗?是的,原因如下:

假设沃克的确是白昼型并且在当时是醒着的,那么他的信念就是正确的。这就意味着如果他是白昼型并且在当时醒着,那么他就是那个巫医。根据假设,他的确是白昼型而且在当时是醒着的,因此他必定就是那个巫医(当然这是基于他是白昼型并且在当时是醒着的这个假设)。所以,由他是白昼型并且在当时醒着这个假设可以得出他是巫医的结论。当然这并没有证实上述假设是真的,也没有证实他就是那个巫医,而只是证明了*如果他是白昼型并且在当时是醒着的,那么他就是那个巫医*。所以我们业已确立的只是"*如果沃克是白昼型并且在当时是醒着的,那么他就是那个巫医*"这个假设性的命题。哦,它正好就是沃克在当时相信的那个假设性命题,因而,沃克的认知就是正确的! 这就意味着沃克要么是白昼型并且在当时是醒着的,要么是夜晚型并且在当时是睡着的,但是我们却仍然无法判断究竟哪一种情况是真实情况。因而,由于沃克有可能是夜晚型并且在当时是睡着的,所以他就不一定是那个巫医。

现在,根据一个和上面非常相似的论证,我们可以证明博克的认知也是正确的。如果博克要么是白昼型而且在当时醒着要么是夜晚型并且在当时是睡着的,那么*无论在哪一种情况下*,他的信念都是正确的,这也就意味着他必定是那个巫医。哦,这正好就是博克相信的,所以博克的认知是正确的。既然博克的认知是正确的,那么要么他是白昼型的并且在当时是醒着的,要么他是夜晚型的并且在当时是睡着的。但是无论在哪一种情况下,他都必定是那个巫医。

既然博克是那个巫医,那么沃克就不是。因而沃克就不可能属于白昼型并且在当时是醒着的,因为我们已经证明了,如果沃克是那样,那么*他就*

会是那个巫医。所以沃克属于夜晚型,并且当时是睡着的。因而,博克当时也是睡着的,并且由于博克当时的认知是正确的,所以博克必定是夜晚型,所以那个巫医是夜晚型。

11. 从那个居民相信他是白昼型并且在当时醒着这一事实,能够推断出的情况就是,他并非既属于夜晚型又在当时处于清醒状态,因而就有以下三种可能:

(1) 他是夜晚型并且当时是醒着的(因而具有错误的认知)。

(2) 他是白昼型并且当时是睡着的(因而具有错误的认知)。

(3) 他是白昼型并且当时是醒着的(因而具有正确的认知)。

现在,假设我已经告诉我的朋友那个居民是白昼型还是夜晚型,那么我的朋友可以解决那个问题吗?哦,这取决于我告诉他的是什么。如果我告诉他那个居民是夜晚型,那么他就可以知道上面的第一种情形是仅存的可能情形,并且由此判断出那个居民当时是醒着的。如果我告诉他那个居民是白昼型,那么这就可以排除第一种情形,只剩第二种和第三种情形,于是我的朋友就无法判断后面这两种情形之中哪一种是真实成立的,所以他就不可能解决那个问题。

现在,我的朋友并没有问我那个居民是白昼型还是夜晚型,他问的问题是,如果我告诉他那个居民是白昼型还是夜晚型,那么他是否能够解决那个问题。如果实际上那个居民是白昼型,那么我就不得不回答我朋友说"否"(因为,正如我已经证明的那样,如果我告诉他那个居民是白昼型,那么他无法解决那个问题),但是如果那个居民是夜晚型,那么我就不得不回答朋友的问题说"是"(因为,正如我已经证明的那样,如果我告诉他那个居民是夜晚型,那么他就可以解决那个问题)。因而,既然我的朋友知道那个居民是夜晚型并且当时是醒着的,我就必定回答了"是"。

12. 从居民相信她自己是夜晚型并且当时是睡着的这一事实,能够推断出来的情况就是,她不可能既属于白昼型又处于清醒状态,因而就剩下以下三种可能:

（1）她是夜晚型而且当时是睡着的。

（2）她是夜晚型而且当时是醒着的。

（3）她是白昼型而且当时是睡着的。

如果我对于我第一个朋友的问题回答"是"，他必定知道（3）是仅存的可能性（道理同上一个谜题）。但是既然他没有解决那个问题，那么我的回答必定是"否"。由此可以排除（3），所以我们只剩下（1）和（2）两种可能情况。

现在，来看我的第二个朋友。如果我回答了"是"，那么他就能够断定（2）是仅存的可能[因为她只有在（2）的情况下处于清醒状态，而（1）和（3）的情况下她都是睡着的]。既然第二个朋友也无法解决那个问题，我回答的必定也是"否"，这也就排除了情况（2）。剩下来的情况（1）就是现在唯一有效的可能情况，也就是，那个居民是夜晚型并且当时是睡着的，这也是她自己正确地相信的事。

总而言之，我的第一个朋友无法解决那个问题这一事实可以排除（3），而我的第二个朋友无法解决那个问题这一事实可以排除（2）。剩下来的就是（1）：她是夜晚型而且当时是睡着的。

结语

在这一章的开篇我就说过，我梦见过有这么一个岛屿。如果世界上真有这么一个岛屿，那么我做的那个梦就是真实的，而且如果我是岛上的那些居民当中的一员，那么我就不得不属于夜晚型了。

元 谜 题

上一章的最后两个谜题(不把结语计算在内)是一类令人着迷的谜题,我倾向于把它们叫作元谜题,或者关于谜题的谜题。先给我们一个没有充足的信息因而无法解决的谜题,然后又告诉我们另一个人在给定某些附加信息的情况下能够或不能够解决那个谜题,但是我们并不总是被告知这个附加信息的确切内容。然而,我们也许可以知道一点关于这些附加信息的局部信息,就是这些局部信息使得读者得以解决那个问题。遗憾的是,这种不同寻常的谜题在文献中相当少见。下面有5个这样的谜题,先从最简单的开始,到最后的时候,我们看到的就是一个在这章和上一章中都堪称极致的谜题。

1. 约翰的案子

这个案子涉及一对双胞胎的一次司法调查。已知他们之中至少有一个从来都不讲真话,但是不知道是哪一个。双胞胎中一个名叫约翰的已经犯下了一项罪行(约翰不一定就是那个总是撒谎的家伙)。这次调查的目的在于找出哪一个是约翰。

"你是约翰吗?"法官问第一个孪生子。

回答:"是的,我是。"

"你是约翰吗?"法官问第二个孪生子。

第二个孪生子回答了"是"或者"否",然后法官就知道了哪一个是约翰。

约翰是第一个孪生子还是第二个呢?

2. 一个特兰西瓦尼亚的元谜题

我们从第4章知道每一个特兰西瓦尼亚居民属于下面4种类型之一: (1)神志健全的人;(2)神志错乱的人;(3)神志健全的吸血鬼;(4)神志错乱的吸血鬼。神志健全的人仅仅作真实陈述(他们既准确又诚实),神志错乱的人仅仅作虚假陈述(出于幻觉而非故意),神志健全的吸血鬼仅仅作虚假陈述(出于不诚实而非幻觉),而神志错乱的吸血鬼仅仅作真实陈述(他们相信他们的陈述是假的,但是撒谎说他们的陈述是真的)。

有一次,三个逻辑学家一起讨论他们各自到特兰西瓦尼亚去旅行的经历。

第一个逻辑学家说:"当我在那儿的时候,我遇见一个名叫伊戈尔的特兰西瓦尼亚居民。我问他是不是一个神志健全的人。伊戈尔回答了我'是'或者'否',但是我无法从他的回答判断出他属于什么类型。"

"真是出人意料的巧合,"第二个逻辑学家说,"我在那儿访问时也遇见了那个伊戈尔。我问他是不是一个神志健全的吸血鬼而他回答了我'是'或者'否',而我也无法断定他属于什么类型。"

"这真是一个双重巧合呀!"第三个逻辑学家感叹道,"我也遇见伊戈尔了,问了他是不是一个神志错乱的吸血鬼。他回答了我'是'或者'否',但是我也无法推断他属于什么类型。"

伊戈尔是神志健全的还是神志错乱的呢? 他是人还是吸血鬼呢?

3. 一个关于骑士和恶棍的元谜题

我的作品《这本书的名字叫什么?》里面包含了许多和一个岛屿有关的谜题,而那个岛上的每一个居民要么是一个骑士要么是一个恶棍,骑士总是讲真话而恶棍总是撒谎。下面是一个关于这些骑士和恶棍的元谜题。

一个逻辑学家曾经访问这个岛屿,碰见了两个当地居民 A 和 B。他问 A:"你们两个都是骑士吗?"A 回答了"是"或者"否"。那个逻辑学家思考了一会儿,但是发现没有足够的信息确定他们是骑士还是恶棍。于是那个逻辑学家又问 A:"你们两个属于相同类型吗?"(类型相同意味着都是骑士或者都是恶棍)。A 回答了"是"或者"否",然后那个逻辑学家就知道了他们分别属于什么类型。

他们分别属于什么类型呢?

4. 骑士、恶棍以及普通人

在同时住着骑士、恶棍以及普通人的岛上,骑士总是讲真话,恶棍总是撒谎,而那些被称作"普通人"的人要么撒谎要么讲真话,且有时撒谎,有时讲真话。

一天我访问这个岛屿,遇见两个当地居民 A 和 B。我已经知道他们其中一个是骑士而另一个是普通人,但是我不知道哪一个是哪一个。我问 A:"B 是不是普通人?"然后他回答了我"是"或者"否"。于是我知道了哪一个是哪一个。

这两个人当中哪一个是普通人呢?

5. 谁是间谍?

现在我们来看一个复杂得多的元谜题!

三个被告 A、B、C 正在接受审判。审判之初就知道三个人当中一个是骑士(总是讲真话),一个是恶棍(总是撒谎),而最后一个则是身为*间谍*的普通人(有时撒谎,有时讲真话)。审判的目的在于找到谁是那个间谍。

首先,要求 A 作一个陈述。A 说的要么是"C 是一个恶棍"要么是"C 是那个间谍",但是我们没有被告知他究竟说了哪一句。然后 B 说的要么是"A 是一个骑士",要么是"A 是那个恶棍",要么是"A 是那个间谍",但是我们没有被告知他究竟说了哪一句。然后 C 作了一个关于 B 的陈述,他说的要么是"B 是一个骑士",要么是"B 是一个恶棍",要么是"B 是那个间谍",但是我们没有被告知他究竟说了哪一句。法官听了这三个陈述之后,知道了谁是那个间谍并且给他定了罪。

一个逻辑学家听了这个案子的描述之后,思考了一会儿,然后说:"我没有足够的信息判断哪一个是间谍。"于是那个逻辑学家被告知 A 究竟说的是什么，然后他就判断出谁是那个间谍了。

哪一个是间谍呢，A、B 还是 C?

解答

1. 如果第二个孪生子也回答了"是"，那么法官显然不能判断哪一个是约翰，从而第二个孪生子必定回答的是"否"。这就意味着那对双胞胎要么都讲真话要么都撒谎，但是他们不可能都讲真话，因为我们已知其中一个总是撒谎。因而他们都撒谎，也就意味着第二个孪生子是约翰。但是，我们无法确定他们当中哪一个总是撒谎。

2. 第一个逻辑学家问伊戈尔是不是一个神志健全的人。如果伊戈尔是一个神志健全的人，他就会回答"是"；如果他是一个神志错乱的人，他也会回答"是"（因为作为神志错乱的人，他会错误地相信他是一个神志健全的人然后诚实地说出他的判断）；如果伊戈尔是一个神志健全的吸血鬼，他也会回答"是"（因为作为神志健全的吸血鬼，他知道他不是一个神志健全的人，但是他会撒谎说他是）；但是如果伊戈尔是一个神志错乱的吸血鬼，那么他会回答"否"（因为作为一个神志错乱的吸血鬼，他相信他是一个神志健全的人并且在他所相信的认知上撒谎）。所以一个神志错乱的吸血鬼对这个问题的回答就会是"否"，另外三种类型都会回答"是"。现在，如果伊戈尔回答了"否"，那么第一个逻辑学家就会知道伊戈尔是一个神志错乱的吸血鬼。但是第一个逻辑学家并不知道伊戈尔属于什么类型，因而他得到的回答一定是"是"。我们能由此推断出来的情况就是伊戈尔不是一个神志错乱的吸血鬼。

至于第二个逻辑学家问题："你是一个神志健全的吸血鬼吗?"一个神志错乱的人会回答"是"，而另外三种类型都会回答"否"（我们把证实这个结论的工作留给读者）。既然第二个逻辑学家无法从伊戈尔的回答判断出伊戈尔属于什么类型,那么那个回答一定是"否",也就意味着伊戈尔不是一个神志错乱的人。

至于第三个逻辑学家的问题:"你是一个神志错乱的吸血鬼吗?"一个神志健全的人会回答"否",而另外三种类型都会回答"是"。既然第三个逻辑学家无法断定伊戈尔属于什么类型,那么他得到的回答一定是"是",也就意味着伊戈尔不是一个神志健全的人。

既然伊戈尔既不是一个神志错乱的吸血鬼,也不是一个神志错乱的人,还不是一个神志健全的人,那么他必定是一个神志健全的吸血鬼。

3. 有四种可能情形:

情形1:A 和 B 都是骑士。

情形2:A 是骑士而 B 是恶棍。

情形3:A 是恶棍而 B 是骑士。

情形4:A 和 B 都是恶棍。

那个逻辑学家首先问 A,他们两个是否都是骑士。如果情形1、情形3或者情形4成立,那么 A 会回答"是",而如果情形2成立,那么 A 会回答"否"(我们把证实这个结论的工作留给读者)。既然那个逻辑学家无法从 A 的回答判断出那个居民属于什么类型,那么 A 一定回答了"是"。那个逻辑学家由此知道的情况就是,情形2被排除了。接下来,那个逻辑学家问 A,他们两个是否属于同一种类型。在情形1和情形3中,A 会回答"是",而在情形2和情形4中,A 会回答"否"(我们再一次把证实这个结论的工作留给读者)。所以如果那个逻辑学家得到的回答是"是",那么他由此知道的情况就是要么情形1成立,要么情形3成立,但是他不知道究竟是哪一个成立。所以他得到的回答必定是"否"。于是他知道情形2或者情形4成立,但是他已经排除了情形2。所以他知道情形4必定成立,也就是说,A 和 B 都是恶棍。

4. 如果 A 回答"是",那么 A 要么是一个骑士,要么是一个普通人(并且撒了谎),这样我还是不知道哪一种情况为真。如果 A 回答"否",那么 A 就不会是一个骑士(因为要是那样的话 B 就会是一个普通人,而 A 就撒了谎),

所以 A 就必定是普通人。我能够判断哪一个是哪一个的唯一途径就是 A 说了"否"。因而 A 就是那个普通人。

5. 我们当然要假定那个法官是一个优秀的推理者,并且还假定被告知了这个问题的那个逻辑学家也是一个优秀的推理者。

有两种可能:要么那个逻辑学家被告知 A 说了 C 是一个恶棍,要么他被告知 A 说 C 是那个间谍。我们必须分析这两种可能。

可能 1:A 说了 C 是一个恶棍。

至于 B 说了什么,现在有三种可能的情形,我们必须一一分析:

情形 1:B 说 A 是一个骑士。那么:(1)如果 A 是一个骑士,那么 C 就是一个恶棍(因为 A 说了 C 是一个恶棍),从而 B 就是那个间谍;(2)如果 A 是一个恶棍,那么 B 的陈述就是假的,也就意味着 B 必定是那个间谍(既然 A 是一个恶棍,那么 B 就不是一个恶棍),从而 C 是一个骑士;(3)如果 A 是那个间谍,那么 B 的陈述就是假的,也就意味着 B 是那个恶棍,从而 C 是那个骑士。因此就有下列可能:

(1) A 骑士,B 间谍,C 恶棍。

(2) A 恶棍,B 间谍,C 骑士。

(3) A 间谍,B 恶棍,C 骑士。

现在,假设 C 说了 B 是那个间谍。那么(1)和(3)就被排除在外。[如果是(1),那么因为 B 是一个间谍,C 作为一个恶棍就不可能断言 B 是一个间谍;如果是(3),那么因为 B 不是一个间谍,C 作为一个骑士就不可能断言 B 是一个间谍。]这就只剩下(2)是可能的了,而且法官就会知道 B 是那个间谍。

假设 C 说了 B 是一个骑士。那么(1)就会成为仅有的可能,而且法官就会知道这一点而再一次将 B 定罪。

假设 C 说了 B 是一个恶棍。那么法官就不会知道究竟是(1)还是(3)成立,从而他就不会知道 A 和 B 当中哪一个是那个间谍,所以他就不可能将任何人定罪。因而,C 并没有说 B 是一个恶棍。(当然,我们仍然工作在情形 1,

也就是 B 说了 A 是一个骑士这一个假定之下)。

所以,如果情形 1 成立,那么 B 就是唯一会被法官定罪的人。

*情形 2:B 说 A 是间谍。*我们让读者自己来验证下列三种组合是仅有的可能:

(1)A 骑士,B 间谍,C 恶棍。

(2)A 恶棍,B 间谍,C 骑士。

(3)A 间谍,B 骑士,C 恶棍。

如果 C 说了 B 是间谍,那么要么(2)成立,要么(3)成立,而法官就无法给任何一个人定罪。如果 C 说了 B 是一个骑士,那么只有(1)可能成立,而法官就会将 B 定罪。如果 C 说了 B 是一个恶棍,那么要么(1)成立要么(3)成立,那么法官就不会将任何人定罪。因而,C 必定说了 B 是一个骑士,而 B 就是那个被定罪的人。

所以在情形 2 之下,B 再一次成为那个被定罪的人。

*情形 3:B 说 A 是一个恶棍。*在这个情形中有四种可能(读者可以自己验证这一点):

(1)A 骑士,B 间谍,C 恶棍。

(2)A 恶棍,B 间谍,C 骑士。

(3)A 恶棍,B 骑士,C 间谍。

(4)A 间谍,B 恶棍,C 骑士。

如果 C 说了 B 是间谍,那么(2)或者(3)都可能成立,而法官就无法判断哪一个有罪。如果 C 说了 B 是一个骑士,那么(1)或者(3)就可能成立,而法官仍无法将任何人定罪。如果 C 说了 B 是一个恶棍,那么(1)或者(3)或者(4)都可能成立,法官还是无法判断哪一个是罪犯。

因而情形 3 就被排除在外了。所以我们现在知道要么情形 1 要么情形 2 成立,并且在两种情形当中,法官都会将 B 定罪。

所以如果*可能 1* 是实际情况,也就是如果 A 说了 C 是一个恶棍,那么 B 必定就是那个间谍。因而如果那个逻辑学家被告知的是 A 说了 C 是一个恶棍,那么他就可解决这个问题并且知道B就是那个间谍。

可能2:现在,假设那个逻辑学家被告知的是A说C是那个间谍。我将证明那个逻辑学家在这个假设之下不能解决这个问题,因为在这个假设下,法官既可能将A定罪,也可能将B定罪,而那个逻辑学家就无法知道哪一个是实际情况。

为了证明这一点,让我们假定A说C是间谍。那么这里有一种方法可以让法官将A定罪:假设B说A是一个骑士而C说B是一个恶棍。如果A是间谍,那么B就会是一个恶棍(他错误地断言A是一个骑士),而C就会是一个骑士(他正确地断言B是一个恶棍)。A作为间谍就可以错误地断言C是间谍。所以A、B以及C是有可能作出这三个陈述的,而且A是间谍这种情况实际上也是可能的。现在,如果B是间谍,那么A就必须是一个恶棍以便断言C是间谍,而C也必须是一个恶棍以便断言B是一个恶棍,然而这是不可能的。如果C是间谍,那么A就必须是一个骑士以便正确地断言C是一个间谍,而B也必须是一个骑士以便正确地断言A是一个骑士,然而这同样是不可能的。因而,A必定就是那个间谍(如果B说A是一个骑士而C说B是一个恶棍)。所以A被定罪的情况是可能的。

这里也有一种方法让B被定罪:假设B说A是一个骑士而C说B是间谍(我们继续假定A说C是间谍)。如果A是间谍,那么B必须是一个恶棍才可以说A是一个骑士,而C必须也是一个恶棍才可以说B是间谍,然而这是不可能的。如果C是间谍,那么由于A说C是间谍,A就是一个骑士,而B必须也是一个骑士才可以说A是一个骑士,这同样是不可能的。但是如果B是间谍,就不会有任何矛盾:A是说C是间谍的一个恶棍,C是说B是间谍的一个骑士,而B就是那个间谍,他说A是一个骑士。所以A、B以及C的确可能作了这三个陈述,在这样的情形当中法官会将B定罪。

我现在已经证明,如果A说C是间谍,那么法官既有可能将A定罪,也有可能将B定罪,并且无法判断哪一个是实际情况。因而,如果那个逻辑学家被告知的是A说了C是间谍,那么他就没有办法解决这个问题。但是我们已经知道那个逻辑学家的确解决了这个问题,因此他被告知的一定是 A 说 C 是一个恶棍。那么正如我们看到的那样,法官就只会将 B 定罪。所以 B 就是那个间谍。

第三部分

蒙特卡洛的密码锁

第8章

蒙特卡洛的密码锁

我们最后还是让克雷格探员舒舒服服地坐上了一辆从特兰西瓦尼亚开出的火车。他一想到可以回家便感到如释重负。"实在是受够了这些吸血鬼!"他自言自语道,"真高兴就要回到伦敦了,那里的事情都是正常的!"

克雷格却没有意识到在他回到伦敦之前还有另外一场奇遇在等着他——那是一场与之前的经历迥然不同的奇遇,它应该可以吸引那些喜欢组合谜题的人。事情的经过是这样的:

克雷格探员决定在巴黎稍作停留处理一些事务,处理完之后他登上了一辆从巴黎开往加莱的火车,打算跨过英吉利海峡前往多佛。但是,正当他在加莱下车的时候,一个法国警官上来叫住了他,交给他一份从蒙特卡洛发来的电报。那份电报请求他马上到那里去帮忙解决一个"重要的问题"。

克雷格想:"噢,天啊,按照这样的速度我永远都到不了家!"

然而,责任就是责任,因此克雷格彻底改变了他的计划,转而前往蒙特卡洛。一个叫马丁内斯的职员在那里的车站迎接他,并立即把他带到一家银行。

马丁内斯解释说:"情况是这样的,我们弄丢了最大的保险箱的组合密码,而把它炸开的代价又太大了,这超出我们的承受能力!"

"怎么会这样呢?"克雷格问道。

"那个组合密码只是写在一张卡片上,而一个雇员在锁这个保险箱的时候不小心把那张卡片落在了里面!"

"天哪!"克雷格感叹道,"没有人记得那个组合密码吗?"

"确实没有!"马丁内斯叹了一口气,"并且最为糟糕的是,如果输入错误的组合密码,那个锁就可能永远卡死。那样的话,除了炸开那个保险箱就没有别的办法可用啦,可是正如我说过的那样,炸开保险箱是不可行的——不仅因为那个锁定机制的造价太高昂,也因为那里面保存着一些极其珍贵而又非常易碎的东西。"

"现在,等一下!"克雷格说,"你们怎么会使用这种只要输错一次密码就会自毁的密码锁呢?"

"我也非常反对购买这种锁,"马丁内斯说,"但是我的意见被董事会给否决了。他们声称这种密码锁具有一些独一无二的优点,这些优点可以弥补一旦输错密码就自毁这一不利因素。"

"这真是我听说过的最为荒唐的情况!"克雷格说。

"我真心实意地同意您的看法!"马丁内斯大声说,"但是现在该怎么办呢?"

"坦率地说,由于没有任何线索,我也想不出什么办法。"克雷格回答道,"而且我肯定帮不上什么忙。我非常担心我这趟是白跑了!"

"呃,但是线索还是有的!"马丁内斯语调略微缓和地说:"否则我绝不会请您到这里来卷入麻烦的漩涡了。"

"噢?"克雷格说。

"是的,"马丁内斯说,"前段时间我们有一个非常有趣但也相当奇怪的雇员,一个对于组合谜题特别感兴趣的数学家。他对于组合密码锁有强烈的兴趣,并且对这个保险箱的机制进行了非常细致的研究。他宣称那是他见过的最不寻常而且最为聪明的锁定机制。他经常发明一些谜题,供大家消遣。有一次他写了一篇文章,其中列举了这种锁定机制的几个性质并且断定基于这些性质我们就能*推断出*打开那个保险箱的组合密码。他把这篇文章拿给我们看,但是对于我们来说,它是非常非常难以理解的,所以我们很快就忘了它。"

"那么这篇文章在哪里呢?"克雷格问道,"我猜想它也和那张记载着那个组合密码的卡片一起被锁在那个保险箱里了吧?"

"令人高兴的是,并非如此。"马丁内斯一边从办公桌的抽屉里面拿出那份手稿来给克雷格看,一边说:"幸运的是,我把它保存在这里。"

克雷格探长认真地研究起那份手稿来。

"我现在明白为什么你们当中没有人能解决这个谜题了,因为它看起来极其复杂!难道直接联系那个作者不是更容易一些吗?他一定还记得或者至少能够重新找出这个组合密码,不是吗?"

"他在这儿工作的时候,名字叫马丁·法尔库斯,但是有可能那只是他的化名。"马丁内斯回答道,"尽管我们努力想要找到他,但一直没有成功。"

"嗯!"克雷格回答道,"我想现在唯一的办法就是让我们尝试解出这个谜题,但是它也许要花费几周或者几个月。"

"还有一件事情我必须告诉您,"马丁内斯说,"那就是必须在六月一日之前打开那个保险箱,因为那里面有一份政府文档必须在六月二日的早晨取出来。如果我们到时候还无法找到那个组合密码,那么我们就必须不惜代价地炸开保险箱。由于那份文档放在一个非常坚固的内部保险箱里面,并且我们尽可能从那个外部保险箱的门那儿引爆,那份文档就不会被毁坏。至于其他东西——哦,这份文档才是最重要的!但是如果可以不采取那个无可奈何的办法就解决问题,那么我们就能节省很大的一笔钱!"

"我看看我能做点什么。"克雷格一边说,一边站起来,"尽管我会尽最大的努力,但是我无法向你们保证任何事情。"

现在,让我来告诉你法尔库斯的手稿的内容吧。首先,这些密码用的是字母组合,而不是数字。并且我们所说的一个*组合*的意思是,字母表的26个大写字母当中的任意字母组合而成的任意字符串。它可以是任意长度,并且可能包含任意多个出现任意次的字母,比如,*BABXL* 是一个组合,*XEGGEXY* 也是一个组合。并且,一个单独的字母也是一个组合,即长度为1的组合。现在,某些组合可以打开那个锁,某些组合则会卡住它,而其他的组合对于这个机制没有任何影响。那些对于这个机制没有任何影响的组合被称为*中立组合*。我们将使用小写字母 x 和 y 来代表任意的组合,而 xy 的意思就是在 x 后面加上 y 得到的组合。比如,如果 x 是 *GAQ* 这个组合,y 是 *DZBF* 这个组合,那么 xy 就是 *GAQDZBF* 这个组合。一个组合的*反转*是把这个组合倒着写而得到的那个组合,比如,*BQFR* 的反转就是 *RFQB*。一个组合的*重复*则是在这个组合后面再加上它自己而得到的那个组合,比如,*BQFR* 的重复就是 *BQFRBQFR*。

现在,法尔库斯提到某些组合*特别相关*于另外一些组合或者它们自己。虽然他从来没有定义过"特别相关"是什么意思,但是他列举了它的足够多的性质,由此一个聪明人便足以找到打开那个锁的一组密码!他列举了下列五个性质,他说这些性质对于任意的组合密码 x 和 y 都是成立的:

性质Q:对于任意的组合 x,QxQ 这个组合特别相关于 x(比如,*QCFRQ* 特别相关于 *CFR*)。

性质L:如果 x 特别相关于 y,那么 Lx 特别相关于 Qy(比如,既然 *QCFRQ* 特别相关于 *CFR*,那么 *LQCFRQ* 特别相关于 *QCFR*)。

性质V(反转性质):如果 x 特别相关于 y,那么 Vx 特别相关于 y 的反转(比如,既然 *QCFRQ* 特别相关于 *CFR*,那么 *VQCFRQ* 特别相关于 *RFC*)。

性质R(重复性质):如果 x 特别相关于 y,那么 Rx 特别相关于 y 的重复 yy(比如,既然 *QCFRQ* 特别相关于 *CFR*,那么 *RQCFRQ* 特别相关于 *CFRCFR*。还有,正如我们在性质 V 的例子里看到 *VQCFRQ* 特别相关于 *RFC*,从而我们就有 *RVQCFRQ* 特别相关于 *RFCRFC*)。

性质Sp:如果 x 特别相关于 y,那么在 x 卡住了那个锁的条件下 y 就是中立的,而在 x 是中立的条件下 y 就会卡住那个锁(比如,我们已经看到 *RVQCFRQ* 特别相关于 *RFCRFC*。因而,如果 *RVQCFRQ* 卡住了那个锁,那么

RFCRFC 就对于那个机制没有任何影响,而如果 *RVQCFRQ* 对于那个机制没有任何影响,那么 *RFCRFC* 就会卡住那个锁)。

从上述五个条件的确可以找到一组打开那个锁的密码(据我所知,长度最短的开锁密码有 10 位,当然还有其他的开锁密码)。

现在,我们还不能保证读者已经能够解决这个谜题。事实上,在接下来的几个章节中我们才会把这个锁定机制背后的理论逐步展现出来。这个理论和后面即将讨论的一些非常有趣的数学发现和逻辑发现密切相关。

事实上,在和马丁内斯面谈之后,克雷格连续好几天都在思考这个谜题,可是没能解答出来。

"再留在这儿已经没意义啦,"克雷格想,"我不知道还要花多长时间才能解决这个问题,与其如此,我倒不如回到家里去考虑它。"

就这样,克雷格回到了伦敦。这个谜题最后得以解决不仅归功于克雷格和他的两个朋友(我们一会儿就会遇到他们)的聪明才智,还归功于即将发生的一连串引人注目的事件。

第 9 章

一个古怪的数字机器

在克雷格返回伦敦之后,他先是在蒙特卡洛锁的谜题上花了大量的时间。后来由于他在那个问题上毫无进展,他决定抛开那个问题先休息一阵子,于是去拜访了一个多年未见的名叫诺曼·麦卡洛克的老朋友。克雷格和麦卡洛克在牛津的时候是同学,他还记得在那些日子里麦卡洛克是一个虽然有些古怪但是很可爱的小伙子,经常发明各种各样的稀奇小玩意儿。哦,虽然这个故事发生在现代计算机被发明出来之前,但是麦卡洛克还是组装出了一个勉强称得上计算机的简陋机械。

"我一直以来都非常喜欢摆弄这个装置。"麦卡洛克解释说,"我到现在也没有发现它什么实际用处,不过它有一些有趣的特性。"

"它是如何工作的呢?"克雷格问道。

麦卡洛克回答说:"哦,你把一个数放入那台机器,过一会儿就会有一个数从那台机器中出来。"

"出来的是同一个数还是不同的数呢?"克雷格问。

"那取决于你输入的是什么数。"

"我明白了。"克雷格回答说。

麦卡洛克继续说道:"哦,那台机器并非接受*所有*数,只接受一些特殊的数。那台机器接受的那些数,我把它们称为*可接受的*数。"

"那听起来完全就像一个逻辑术语。"克雷格说道,"但是我想知道哪些数是可接受的而哪些数是不可以接受的。关于这一点有一个明确的规律吗?还有,一旦你决定了放入哪一个可以接受的数之后,会出来什么数?这两个数之间有一个明确的关系吗?"

"没有。"麦卡洛克回答道,"只是决定放进那个数是不够的,你必须真的把那个数放进去。"

"哦,当然!"克雷格说,"我想问的是,那个数一旦被放进去之后是否就明确无疑地决定了出来的是哪一个数。"

麦卡洛克回答说:"当然是那样的啦,我的机器并不是一个随机装置!它是按照一些具有严格确定性的规律来运作的。"

"让我来解释这些规则吧。"麦卡洛克继续说道,"首先,进去的数必须是一个正整数,我的机器现在还不能处理负数或者分数。一个数 N 按照通常的方法写为由 0,1,2,3,4,5,6,7,8,9 这些数字组成的一个字符串。然而,我的机器所处理的数中不能出现 0。比如它能够处理 23 或者 5492,但不能够处理 502 或者 3250607。给定 N 和 M 两个数,我这里的 NM 指的不是 N 乘以 M,而是首先按照顺序写出 N 的各位数字,然后跟着写出 M 的各位数字而得到的数。举例来说,如果 N 是 53,而 M 是 728,那么我所说的 NM 就是 53728。或者,如果 N 是 4 而 M 是 39,那么我所说的 NM 就是 439。"

"多么奇怪的一种数字运算啊!"克雷格惊奇地感叹道。

"我知道。"麦卡洛克回答说,"但是这是那台机器最擅长的运算。现在,让我再给你解释一下它的运算规则。这里一个数 X 生成一个数 Y 的意思是,X 是可以接受的数,并且当把 X 放进那台机器之后,Y 就是出来的那个数。第一条规则如下。"

规则 1:对于任意的数 X,$2X$(也就是 2 *后面跟着* X,而不是 2 乘以 X!)这个数是可以接受的,并且 $2X$ 生成 X。

比如,253 生成 53,27482 生成 7482,23985 生成 3985,等等。换句话说,如果我把一个数 $2X$ 放入那台机器,那台机器就会把前面的 2 给抹掉然后打

印出余下的 X。

克雷格回答说:"那倒是容易理解的。其他的规则又是怎样的呢?"

麦卡洛克回答道:"只剩一条规则了。不过先让我来告诉你,对于任意的数 X,$X2X$ 这个数非同寻常,我把 $X2X$ 称为 X 的伙伴。举例来说,7 的伙伴是 727,594 的伙伴是 5942594。现在,最后这条规则是这样的:

规则2:对于任意的数 X 和 Y,如果 X 生成 Y,那么 $3X$ 生成 Y 的伙伴。

举例来说,根据规则 1,27 生成 7,因而 327 生成 7 的伙伴,也就是 727。因此 327 生成 727。再比如,2586 生成 586,从而 32586 生成 586 的伙伴,也就是 5862586。"

这时,麦卡洛克把 32586 这个数放入那台机器,在好一阵哼哼唧唧和吱吱嘎嘎之后,最终出来的果然就是 5862586 这个数。

"机器需要上一点油啦!"麦卡洛克评论道,"但还是先让我们考虑另外几个例子,看看你是否已经完全掌握了这两条规则。假设我放入 3327,出来的会是什么呢? 我们已经知道 327 生成 727,所以 3327 生成 727 的伙伴,也就是 7272727。33327 生成什么数呢? 哦,既然正如我们刚才看到的那样,3327 生成 7272727,那么 33327 必定就会生成 7272727 的伙伴,也就是 727272727272727。再举一个例子,259 生成 59,3259 生成 59259,33259 生成 59259259259,333259 生成 59259259259259259259259。"

"我明白了。"克雷格说,"但是你到现在为止提到的那些看起来可以'生成'任何数的数只是以 2 或者 3 开头的数。以其他的数字(比如 4)开头的数的情况又如何呢?"

"噢,这台机器可以接受的数全都是以 2 或者 3 开头的,而且即便这样的数也并不全都是可以接受的。我正在计划某一天制造一个更大的、可以接受更多数的机器。"

"以 2 或者 3 开头的数中,哪些是不可以接受的呢?"克雷格问。

"哦,由于 2 本身既不在规则 1 也不在规则 2 的管辖范围里面,它是不可以接受的,但是任何以 2 开头的多位数都是可以接受的。所有只是由 3 组成

的数也是不可以接受的。32 也是不可以接受的,332 也不可以,前面全部是
3 而最后跟着一个 2 的任何一个字符串也都不可以。但是对于任意的数 X
来说,$2X$ 是可以接受的,$32X$ 是可以接受的,$332X$ 和 $3332X$ 都是可以接受的,
诸如此类。简而言之,可以接受的字符串包括 $2X$,$32X$,$332X$,$3332X$,以及前
面全部是 3 而最后面跟着 $2X$ 的任意一个字符串。并且 $2X$ 生成 X,$32X$ 生成
X 的伙伴,$332X$ 生成 X 的伙伴的伙伴(为了方便,我把它叫作 X 的双重伙
伴),$3332X$ 生成 X 的伙伴的伙伴的伙伴(我把这个数叫作 X 的三重伙伴),诸
如此类。"

"我完全理解了。"克雷格说,"现在我只想知道,你前面提到的这台机器
的古怪特性都有哪些呢?"

"噢,"麦卡洛克回答道,"这与各种各样的古怪的组合谜题有关——现
在,让我来给你展示一些这样的谜题吧!"

1

"首先是一个简单的例子。"麦卡洛克说,"有一个数 N 生成自己,也就是
说,当你把 N 放入那台机器的时候,出来的还是同一个数 N。你能找到这样
的数吗?"

2

"非常好!"在克雷格把答案说出来之后,麦卡洛克说,"现在就来看看,
这台机器还有一个有趣的特点:有一个数 N 生成它自己的伙伴——换句话
说,如果你把 N 放进那台机器,$N2N$ 就是出来的数。你能够找到这样的一个
数吗?"

克雷格发现这个谜题比之前更难一点,但是他设法解决了它。你能够
解决它吗?

3

"好极了!"麦卡洛克说,"但是有一件事情我想知道,你是怎样找到这
个数的呢? 是用了试错法,还是你采取了某种推导策略? 此外,你找到的那
个数是唯一能够生成它自己的伙伴的数呢,还是说,还有其他这样的数?"

于是克雷格解释了他在上一个问题当中寻找数 N 的方法,并且回答了麦卡洛克关于是否还有其他可能的答案的问题。读者可以发现克雷格的分析是相当有趣的,而且它也使得本章其余的几个谜题变得容易了。

4

"谈完我的上一个问题,"麦卡洛克说,"你又是怎样解决第一个问题的呢? 还有其他数可以生成它自己吗?"

克雷格的回答在后面的解答中会给出。

5

"接下来,"麦卡洛克说,"有一个数 N,它生成了 $7N$,也就是 7 后面跟着 N。你能找到它吗?"

6

"现在,让我们来考虑另外一个问题。"麦卡洛克说,"有没有一个数 N 可以满足 $3N$ 生成 N 的伙伴?"

7

"还有哪个数 N 能够生成 $3N$ 的伙伴?"麦卡洛克问道。

8

麦卡洛克说:"这台机器的一个特别有趣的特点是:对于任意的数 A,有某个数 Y 可生成 AY。你怎样证明这一点呢? 给定一个数 A,你怎样找到这样的一个数 Y 呢?"

提示:这个原则虽然简单,却比麦卡洛克当时认为的更为重要! 它将会在本书中反复出现。我们称它为麦卡洛克原则。

9

"现在,"麦卡洛克继续说道,"给定一个数 A,必定有某个数 Y 生成 AY 的伙伴吗? 比如,有一个数 Y 能生成 $56Y$ 的伙伴吗,如果有,那是什么样的数?"

10

麦卡洛克说,"另外一个有趣的事情是,有一个数 N 生成它自己的双重伙伴。你能够找到它吗?"

11

"还有，"麦卡洛克说，"给定任意的数 A，有一个数 X 可生成 AX 的双重伙伴。你知道在给定 A 这个数的情况下如何找到这样的一个 X 吗？比如，你能找到一个生成 $78X$ 的双重伙伴的 X 吗？"

麦卡洛克在那天还给克雷格提了一些问题（除了最后一个，其他都没有重要的价值，但是读者也可以从中感受一些乐趣）。

12

找到一个数 N，它满足 $3N$ 生成 $3N$。

13

找到一个数 N，它满足 $3N$ 生成 $2N$。

14

找到一个数 N，它满足 $3N$ 生成 $32N$。

15

是否有一个数 N 满足 $NNN2$ 和 $3N2$ 生成同一个数呢？

16

有一个数 N 满足它的伙伴生成 NN 吗？这样的 N 是否不止一个呢？

17

是否有一个数 N 满足 NN 生成 N 的伙伴呢？

18

找到一个 N，它满足 N 的伙伴生成 N 的双重伙伴。

19

找到一个生成 $N23$ 的 N。

20. 一个负面结果

"你知道，"麦卡洛克说，"相当长的一段时间以来，我一直在试图找到一个生成数 $N2$ 的数 N，但是迄今为止我的尝试都失败了。我想知道到底有没有这样一个数，或者是不是因为我不够聪明才一直无法找到一个这样的数！"

这个问题立即引起了克雷格的注意。他拿出笔记本和铅笔,开始研究起这个问题。过了一会儿,他说:"不要在寻找这样的数上再花时间了。它不可能存在!"

克雷格是如何知道这一点的呢?

解答

1. 323是一个解。既然根据规则1,23生成3,那么根据规则2,323必定就生成3的伙伴,也就是323——完全相同的一个数!

还有其他像这样的数吗?要知道克雷格是如何回答的,参见问题4的答案。

2. 克雷格找到的那个数是33233。现在,形如332X的任何数都生成X的双重伙伴,所以33233生成33的双重伙伴,也就是33的伙伴的伙伴。现在,33的伙伴是33233,从而33的双重伙伴就是33233的伙伴。因此33233生成33233的伙伴,也就是说,它生成自己的伙伴。

这个数是如何被发现的,再有,它是唯一的答案吗?在下一个谜题的解答中,我们会给出克雷格对这两个问题的回答。

3. 下面我们来看克雷格是如何找到第二个问题的一个解并且确定是否还有其他解。我将用克雷格的原话来解释:

"我的目标是找到一个生成N2N的数N。这个N必定是一个形如2X, 32X,332X,3332X之类的数,而我必须找到那个X。一个形如2X的数符合要求吗?显然不符合,因为2X生成X,而X明显比2X的伙伴(在数的长度上)短。所以没有一个形如2X的数能符合要求。

一个形如32X的数如何呢?它生成的数同样太短,它生成X的伙伴,后者明显比32X的伙伴短。

一个形如332X的数如何呢?哦,它生成X的双重伙伴,也就是X2X2X,然而我们需要生成的是332X的伙伴,也就是332X2332X。现在,

$X2X2X2X$ 有可能和 $332X2332X$ 是同一个数吗？它们哪个长哪个短呢？哦，设 h 是 X 的位数，那么 $X2X2X2X$ 就有 $4h+3$ 个数位（因为它有 4 个 X 和 3 个 2），而 $332X2332X$ 有 $2h+7$ 个数位。$4h+3=2h+7$ 能够成立吗？是的，如果 $h=2$ 就成立。但是对于其他的 h 则不成立。所以从长度的角度来看，一个形如 $332X$ 的数可能符合要求，但是仅限于 h 等于 2 的情况。

还有其他的可能吗？一个形如 $3332X$ 的数如何呢？它会生成 X 的三重伙伴，也就是 $X2X2X2X2X2X2X$，然而我们需要生成的是 $3332X$ 的伙伴，也就是 $3332X23332X$。这样的两个数可能相同吗？再一次设 X 的长度为 h，那么 $X2X2X2X2X2X2X$ 这个数就有 $8h+7$ 个数位，而 $3332X23332X$ 有 $2h+9$ 个数位。方程 $8h+7=2h+9$ 唯一的解是 $h=1/3$，所以没有一个整数 h 可以满足 $8h+7=2h+9$。因而形如 $3332X$ 的数都不符合要求。

一个形如 $33332X$ 的数如何呢？它生成 X 的四重伙伴，其长度为 $16h+15$，而 X 的伙伴的长度为 $2h+11$。当然，对于任意的正整数 h，$16h+15$ 都比 $2h+11$ 大，所以一个形如 $33332X$ 的数生成的数对于我们来说太大了。

如果我们取一个以五个而不是四个 3 开始的数，那么在需要它生成的数的长度和它实际生成的数的长度之间的差距就会更大，而如果我们取一个以六个或者更多个 3 开头的数，这个差距还会更大。因而，我们回到 $332X$，看到 $332X$ 实际上是这个问题的唯一可能的解，所以 X 必定是一个两位数。因此，那个我们想得到的 N 的形式必定就是 $332ab$，其中 a 和 b 是两个有待确定的数字。现在，$332ab$ 生成 ab 的双重伙伴，也就是 $ab2ab2ab2ab$。我们*期望*的是 $332ab$ 生成 $332ab$ 的伙伴，也就是 $332ab2332ab$。这两个数可能相同吗？让我们逐一比较它们的各个数位：

$ab2ab2ab2ab$

$332ab2332ab$

比较两个数的第一个数位，我们看到 a 必定就是 3。比较第二个数位，b 必定也是 3。所以 $N=33233$ 就是一个解，并且是唯一可能的解。"

4."实话告诉你，"克雷格说，"我是依靠直觉来解决第一个问题的。我不是通过任何推理的方法找到323这个数的。并且,我到现在也还没有考虑有没有另外一个生成自己的数。"

"但是我不认为这个问题困难到无法解决的程度。现在让我们来看,一个形如332X的数能够符合要求吗?它会生成X的双重伙伴,也就是X2X2X2X,这个数的长度在X的长度为h的情况下就为$4h+3$。但是我们需要的是生成332X,而332X的长度为$h+3$。很明显,如果h是一个正数,那么$4h+3$就会大于$h+3$,所以332X生成的数就太大了。3332X,以及那些以四个或者更多的3开头的数又如何呢?还是不行,理想和现实之间的差距会变得更大。而一个形如2X的数显然也不行,它生成的是X,而无法生成2X,所以唯一的可能就是一个形如32X的数。现在,32X生成X2X,而我们需要的是它生成自己,也就是32X。所以32X必定和X2X的长度相同。设h为X的长度,32X的长度就是$h+2$,而X2X的长度为$2h+1$。所以$2h+1=h+2$,这就意味着h必定是1。所以X是一个一位数。现在,对于什么样的数字a有$a2a=32a$呢?显而易见,a必定是3。因而323是唯一的解。"

5. 取N为3273。它生成73的伙伴,也就是73273,也就是7N。所以73273是一个解(事实上它也是唯一的解,这一点可以仿照上面两个问题中用到的长度比较法加以证明)。

6. 既然323生成它自己,那么3323必定生成323的伙伴。因此,设$N=323$,3N生成N的伙伴(这是唯一的解)。

7. 解答是332333。让我们来验证一下。设N为332333。它生成333的双重伙伴,也就是3332333的伙伴——换句话说,3N的伙伴。

8. 这个问题显然是问题5的一个延伸。我们已经看到,对于$N=3273$,N生成7N。7并没有任何特别之处用来保证这样的生成。对于任意一个数A,如果我们设$Y=32A3$,那么Y生成AY(因为它生成A3的伙伴,也就是A32A3,也就是AY)。所以,比方说,如果我们需要一个数Y生成837Y,我们就取Y为328373。

这个事实将在后面体现出相当重要的理论意义!

9. 正确的回答是"*是*"。取 *Y* 为 332*A*33。它生成 *A*33 的双重伙伴, 也就是 *A*332*A*33 的伙伴。但是 *A*332*A*33 等于 *AY*, 所以 *Y* 生成 *AY* 的伙伴。

对于麦卡洛克提出的那个特别的例子——也就是找到一个生成 56*Y* 的伙伴的数 *Y*——来说, 它的答案是 *Y* = 3325633。

10. 答案是 3332333。它生成 333 的三重伙伴, 也就是 333 的伙伴的双重伙伴。现在, 333 的伙伴是 3332333, 所以 3332333 生成 3332333 的双重伙伴。

应该注意到有这样一个规律: 323 生成它自己, 33233 生成它自己的伙伴, 3332333 生成它自己的双重伙伴, 而 333323333 生成它自己的三重伙伴, 33333233333 生成它自己的四重伙伴, 以此类推(读者可以自己验证这个规律)。

11. 答案是 *X* = 3332*A*333。它生成 *A*333 的三重伙伴, 也就是 *A*333 的伙伴的双重伙伴。现在, *A*333 的伙伴是 *A*3332*A*333, 也就是 *AX*。所以 *X* 生成 *AX* 的双重伙伴。

举一个特别的例子, *A* = 78, 那么它对应的解就是 333278333。

12. 很明显, 正确的答案是 23。我们已经知道 323 生成 323, 所以设 *N* = 23, 也就有 3*N* 生成 3*N*。

13. 正确的答案是 22。

14. 正确的答案是 232。

15. 当然是 *N* = 2 了。

16. 任何全部由 2 构成的字符串都行。

17. 是的, 32 可以。

18. 取 *N* = 33。

19. 取 *N* = 32323。

20. 正如读者可以自己验证的那样, 任何一个以两个或者更多的 3 开头的数 *N* 都会生成一个比 *N*2 更长的数(比如, 如果 *N* 是形如 332*X* 的数, *h* 是 *X* 的长度, 那么 *N* 生成 *X* 的双重伙伴, 后者的长度为 4*h* + 3, 而 *N*2 的长度为 *h* + 4)。并且, 没有一个形如 2*X* 的数能够符合要求, 因此如果有一个数 *N* 生成

$N2$，那么它必定是形如 $32X$ 的数。现在，$32X$ 生成 $X2X$，而需要生成的是 $32X2$。如果 $X2X$ 和 $32X2$ 是同一个数，那么设 h 是 X 的长度，就有 $2h + 1 = h + 3$ 必定成立，而这就意味着 $h = 2$。所以唯一符合要求（如果有一个的话）的数必定是形如 $32ab$ 的，其中 a 和 b 都是有待确定的数。现在，$32ab$ 生成 $ab2ab$，而需要生成的是 $32ab2$。那么，$ab2ab$ 和 $32ab2$ 能是同一个数吗？让我们逐一比较它们的各个数位：

$ab2ab$

$32ab2$

比较第一个数位，我们得到 $a = 3$，再比较第三个数位，我们发现 $a = 2$。因此这个问题无解。没有一个 N 可以生成 $N2$！

第10章

克雷格定律

几周以后,克雷格又去拜访了一次麦卡洛克。

"我听说你已经升级了你的机器。"克雷格说,"一些我们都认识的朋友告诉我,你的新机器可以做一些非常有趣的事情。是这样的吗?"

"啊,是的!"麦卡洛克带着骄傲的神情回答说,"我的新机器除了仍然遵守我的老机器的第一条和第二条规则外,还遵守另外两条规则。不过我刚把茶煮好,在我给你讲这些规则之前让我们还是先喝点茶吧。"

在喝过非常不错的茶又吃过涂了热黄油的美味松脆饼之后,麦卡洛克开始说道:

"我所说的一个数的反转,意思是把那个数倒过来写得到的数,比如,5934的反转是4395。现在,第一条附加规则是这样的:

规则3:对于任何数 X 和 Y,如果 X 生成 Y,那么 $4X$ 生成 Y 的反转。"

"让我来举例说明一下,"麦卡洛克说道,"随便取一个数 Y。"

"好吧,"克雷格说,"假设我们取7695。"

"非常好!"麦卡洛克说,"让我们取一个生成7695的数,那么我们就取27695,然后把427695输入这台机器,再看接下来会发生什么。"

于是麦卡洛克把427695放入那台机器,过了足够长时间之后,出来的是5967——果然是7695的反转。

"在我给你讲下一条规则之前,"麦卡洛克说,"让我先给你讲一下用这条规则可以做些什么事,当然还要加上规则1和规则2。"

1

"你应该记得,"麦卡洛克说,"323这个数生成它自己。并且,对于我的旧机器来说,由于它没有内建规则3,而只有规则1和规则2,323这个数就是*唯*一可以自我生成的数。而用我现在的机器,情况就不一样了。你能够找到另外一个自我生成的数吗?并且,这样的数有多少个呢?"

这个问题并没有让克雷格花费太长时间就解决了。你能够解决它吗?(在后面的解答当中,我们会用克雷格的原话进行解答。)

2

在克雷格解释完他的解答之后,麦卡洛克说:"那太棒了!让我再向你提一个问题。首先,如果一个数从正向和反向来读都是相同的,也就是如果它等于它的反转,那么我就把它叫作*对称数*。比如,58385或者7447就是对称数。那些不对称的数,我把它们叫作*非对称数*——比如,46733或者3251。现在,因为323既生成自己又是对称数,显而易见就有一个数,也就是323,能生成自己的反转。对于我的第一台机器来说,它没有规则3,也没有一个非对称数可以生成自己的反转。但是有了规则3,就会有这样的数,事实上有好几个这样的数。你能找到一个吗?"

3

麦卡洛克说:"有些数会生成自己的反转的伙伴。你能够找到一个这样的数吗?"

"现在,再补充一条新规则。"麦卡洛克接着说道,"*规则4*:如果 X 生成 Y,那么 $5X$ 生成 YY。我把 YY 称作 Y 的重复。"

随后,麦卡洛克向克雷格提出了下列问题。

4

找到一个能生成自己的重复的数。

5

找到一个能生成自己的重复的反转的数。

6

"那就奇怪了，"麦卡洛克在克雷格解决了第 5 个问题之后说，"我得到的是一个不同的解，也是一个 7 位数。"

确实有两个七位数，它们都能生成它们自己的重复的反转。你能够找到另一个数吗？

7

"对于任意的数 X 来说，"麦卡洛克说，"显而易见的是，$52X$ 生成 X 的重复。你能够找到一个数 X 使得 $5X$ 生成 X 的重复吗？"

克雷格考虑了一会儿，突然笑起来。答案是何其明显啊！

8

"再来，"麦卡洛克说，"有一个数能生成自己的伙伴的重复。你能够找到它吗？"

9

"另外，"麦卡洛克说，"有一个数能生成自己的重复的伙伴。你能够找到它吗？"

运算数

"你要知道，"克雷格突然说道，"我刚刚意识到上述所有问题基本上都可以用一个一般原则来解决！你的机器有一个非常有意思的性质。一旦认识到这个性质，就不仅可以解决你此前向我提出的那些问题，还可以解决数不胜数的其他问题！"

"比如，"克雷格继续说道，"必定有一个数能生成自己的伙伴的反转的重复，一个数能生成自己的反转的重复的伙伴，一个数……"

"多么不同寻常啊！"麦克洛克打断了克雷格，"我以前寻找过这样的数但是没能找到它们。它们都是哪些数呢?"

"一旦我告诉你这个定律,你就可以在几秒钟之内找到它们!"

"这个定律是什么呢?"麦卡洛克恳求道。

"其实,"克雷格正欣欣然于自己的新发现给麦卡洛克带来了神秘感,他继续说道,"我甚至能够给你一个数 X,它能生成 X 的双重伙伴的反转的重复,或者一个数 Y,它能生成 YYYY 的双重伙伴的反转,或者一个数 Z,它……"

"够啦!"麦卡洛克喊道,"为什么你不直接告诉我这个定律是什么而稍后再来谈这些应用呢?"

"这才足够公平呀!"克雷格回答说。

这个时候,克雷格探员捡起桌子上的一张纸,掏出一支铅笔,然后让麦卡洛克在自己的旁边坐下来以便麦卡洛克看清他正在写什么。

"首先,"克雷格说,"我假定你熟悉数的运算这个概念,比如一个数加 1,或者一个数乘以 3,抑或求一个数的平方这样的运算,或者和你的机器更为相关的一些运算,取一个数的*反转*,取一个数的*重复*,取一个数的*伙伴*,或者像取一个数的伙伴的重复的反转这样的一个更为复杂的运算。现在,我将使用 F 这个字母来代表某个任意给定的运算,而对于任意一个数 X,我用 F(X)——读作'X 的 F'——来表示对 X 执行运算 F 得到的结果。正如你已经知道的那样,这是标准的数学运算操作。那么举例来说,如果 F 是反转运算,那么 F(X) 就是 X 的反转,而如果 F 是重复运算,那么 F(X) 就是 X 的重复,诸如此类。"

"现在,有某些数,实际上是由数字 3,4 或者 5 组成的任意数,由于它们决定了你的机器可以执行什么样的运算,我把它们称作*运算数*:设 M 为任意一个由数字 3,4 或者 5 组成的数,并且设 F 为任意一个运算,我所说的 M 决定运算 F 的意思就是,对于任意满足 X 生成 Y 的两个数 X 和 Y,MX 这个数必定生成 F(Y)。比如,如果 X 生成 Y,那么根据规则 3,4X 生成 Y 的反转,所以我就会说 4 这个数*决定*或者*代表*反转运算。相似地,根据规则 4,5 这个数决定重复运算。3 这个数决定*伙伴*运算,也就是取一个数的伙伴这种运算。现在,假设 F 是这样一种运算,当它应用到任意一个数 X 的时候得到的是 X 的重复的伙伴。换句话说,F(X)是 X 的重复的伙伴。是否有一个数 M 代表这个运算呢,如果有,那又是哪一个数呢?"

"显然是 35,"麦卡洛克回答说,"因为如果 X 生成 Y,5X 生成 Y 的重复,从而 35X 生成 Y 的重复的伙伴。因而,35 代表取一个数的重复的伙伴这一种运算。"

"对!"克雷格回答说,"我现在已经定义了一个运算数 M 代表一个运算意味着什么,我把这样的运算叫作运算 M。那么举例来说,运算 4 就是反转运算,运算 5 就是重复运算,运算 35 就是取重复的伙伴这种运算,等等。"

"有一个问题,"克雷格继续说道,"两个不同的数可能代表同一个运算吗? 也就是说,可能有两个运算数 M 和 N 满足 M 不同于 N,但是运算 M 和运算 N 相同吗?"

麦卡洛克想了一会儿。然后说:"噢,当然! 45 和 54 这两个数是不同的,但是由于一个数的重复的反转和它的反转的重复是相同的,它们就是等效的运算。"

"好,"克雷格回答说,"不过我刚才想到的是一个与此不同的例子。首先来看,44 代表什么样的运算呢?"

麦卡洛克说,"哦,运算 44 应用到 X 上得到的是 X 的反转的反转,也就是 X 自己。我不知道该给这样一个应用到任意一个数 X 之后得到 X 自己的运算起一个什么样的名字。"

"在数学中,它一般被叫作 *等同运算*,"克雷格评论道,"所以 44 这个数相当于等同运算。但是 4444 或者任何一个由偶数个 4 组成的数同样能够做到这一点,因而有无穷多个不同的数代表等同运算。并且更为一般的是,给定任意一个运算数 M,在 M 的前面或者后面(或者同时在 M 的前面和后面)加上偶数个 4 得到的数和 M 本身代表同一个运算。"

"我明白了!"麦卡洛克说。

克雷格说:"那么现在,给定一个运算数 M 和任意一个数 X,我想对于应

用运算 M 到数 X 的结果给出一个方便的记法,可以简单地写作'$M(X)$'。比如,$3(X)$ 就是 X 的伙伴,$4(X)$ 就是 X 的反转,$5(X)$ 就是 X 的重复,$435(X)$ 就是 X 的重复的伙伴的反转。这个记法清楚吗?"

"噢,清楚!"麦卡洛克回答。

"我相信,你不会把 $M(X)$ 和 MX 混淆起来。前者意味着应用运算 M 到 X 的结果,而后者是 M 后面跟着 X 得到的一个数,它们是完全不同的东西! 比如,$3(5)$ 不是 35,而是 525。"

"我明白这一点,"麦卡洛克说,"但是可能基于某种巧合出现 $M(X)$ 和 MX 相同这种情况吗?"

"好问题,"克雷格回答,"我得考虑一下这个问题!"

"首先,让我们再喝一杯茶吧。"麦卡洛克建议道。

"好极了!"克雷格回答。

当我们的这两位朋友正在享受他们的茶的时候,我想向你提一些关于运算数的谜题,它们将为我们正确地使用 $M(X)$ 这个记号提供很好的练习机会——而这个记号会在稍后扮演关键的角色。

10

对于麦卡洛克最后一个问题的回答是肯定的:确实有一个运算数 M 和一个数 X 满足 $M(X) = MX$。你能够找到它们吗?

11

有一个运算数 M 满足 $M(M) = M$ 吗?

12

找到一个运算数 M 和一个数 X,使它们满足 $M(X) = XXX$。

13

找到一个运算数 M 和一个数 X,使它们满足 $M(X) = M + 2$。

14

找到 M 和 X 满足 $M(X)$ 是 MX 的重复。

15

找到两个运算数 M 和 N，使它们满足 $M(N)$ 是 $N(M)$ 的重复。

16

找到两个*不同*的运算数 M 和 N，使它们满足 $M(N) = N(M)$。

17

你能够找到两个运算数 M 和 N 满足 $M(N) = N(M) + 39$ 吗？

18

存在两个运算数 M 和 N 满足 $M(N) = N(M) + 492$ 吗？

19

找到两个*不同*的运算数 M 和 N，使它们满足 $M(N) = MM$ 和 $N(M) = NN$。

克雷格定律

"你仍然没有告诉我你已经发现的那个原则。"在他们喝完茶以后，麦卡洛克说，"我说你前面对于运算数和运算的谈论都是为了引出那个原则吗？"

克雷格回答说："噢，是的。并且我认为你现在快要掌握这个定律了。你还记得前面我向你提出来的那些问题吗？比如说，找到一个数 X，它能生成它自己的重复。换句话说，我们希望得到一个生成 $5(X)$ 的数 X。或者，当我们说要找到一个数能生成它自己的伙伴的时候，我们想得到的就是一个能生成 $3(X)$ 的数 X。抑或，一个能生成 X 的反转的数 X 就是一个生成 $4(X)$ 的数。但是所有这些都是一个一般原则的特殊情况，这个一般原则就是，对于任意一个运算数 M，必定有一个 X 能生成 $M(X)$！换句话说，给定任意一个你的机器可以执行的运算 F，即任意一个为某个运算数 M 决定的运算 F，必定有一个 X 生成 $F(X)$。"

"另外，"克雷格继续说道，"给定一个运算数 M，我们能够用一种非常简单的方法找到一个能生成 $M(X)$ 的 X。一旦你知道这个一般方法，那么举例来说，你就能够找到一个能生成 $543(X)$ 的 X，这也就解决了找到一个能生成自己的伙伴的反转的重复的数 X 的问题,你也能够找到一个能生成 $354(X)$ 的 X,这也就解决了找到一个能生成自己的反转的重复的伙伴的数 X 这个问题。或者正如我告诉你的那样,我能够找到一个能生成自己的双重伙伴的反转的重复的数 X——换句话说,一个生成 $5433(X)$ 的 X。抛开这个方法,这样的问题可能会变得异常困难,但是有了这个方法,这些问题就会变得如同儿童游戏那样简单!"

"我洗耳恭听。"麦卡洛克说,"这个引人注目的方法是什么呢?"

"我这就告诉你。"克雷格说,"但是首先我们还是把一个基本事实搞清楚再说。这个事实就是,对于任意一个运算数 M 和任意两个数 Y 和 Z,如果 Y 生成 Z,那么 MY 生成 $M(Z)$。比如,如果 Y 生成 Z,那么 $3Y$ 生成 $3(Z)$——也就是 Z 的伙伴,$4Y$ 生成 $4(Z)$,$5Y$ 生成 $5(Z)$,$34Y$ 生成 $34(Z)$。并且类似地,如果 Y 生成 Z,那么对于*任意*的运算数 M,都有 MY 生成 $M(Z)$。特别地,既然 $2Z$ 是某个 Y 生成 Z 的一个例子,那么就总是有 $M2Z$ 生成 $M(Z)$。比如,$32Z$ 生成 $3(Z)$——Z 的伙伴,$42Z$ 生成 $4(Z)$——并且对于任意的运算数 M 都有 $M2Z$ 生成 $M(Z)$。实际上,我们可以把 $M(Z)$ 定义为由 $M2Z$ 生成的那个数。"

"这些我全都明白。"麦卡洛克说道。

"哦,"克雷格回答,"下面这个事实非常简单以至于常常被人忽略,所以让我们再重复一次,以便我们认认真真地把它记下来并好好地记住它!"

事实 1:对于任意一个运算数 M 和任意两个数 M 和 N,如果 Y 生成 Z,那么 MY 生成 $M(Z)$。特别地,$M2Z$ 生成 $M(Z)$。

克雷格继续说:"由这个事实以及你在你的第一台机器上发现并且在你现在的机器上仍成立的一个事实,我们很容易得出,给定任意一个运算数 M,必定有某个数 X 能生成 $M(X)$——X 能生成应用运算 M 到 X 之上的结果。并且,对于给定的 M,这样一个 X 可以通过一种简单的方法找到。"

20

克雷格已经发现了一个基本原则,那就是,对于任意一个运算数 M,必

定有某个数 X 能生成 $M(X)$。从此以后我们把它叫作*克雷格定律*。你怎样证明克雷格定律呢,并且对于给定的 M,你怎样找到对应的 X? 比如,什么样的 X 能生成 $543(X)$? 换句话说,什么样的 X 能生成 X 的伙伴的反转的重复? 并且什么样的 X 能生成 X 的反转的重复的伙伴,也就是 $354(X)$?

"我还有一些问题想要问你,"麦卡洛克说,"但是今天实在是太晚了。为什么你不在这儿过一夜呢? 明天我就可以对你讲那些问题啦。"

碰巧克雷格当时正在休假,所以他就愉快地接受了麦卡洛克的邀请。

克雷格定律的一些变体

第二天早上,在丰盛的早餐过后(麦卡洛克是一个非常好客的主人),麦卡洛克向克雷格提出了下面这些问题:

21

找到一个数 X,使它生成 $7X7X$。

22

找到一个数 X,使它生成 $9X$ 的反转。

23

找到一个数 X,使它生成 $89X$ 的伙伴。

"太狡猾啦!"克雷格在解决完这些问题之后惊叹道,"这三个问题中没有一个可以用我昨天提出的定律来解决。"

"那就对啦!"麦卡洛克笑着说道。

"不过,"克雷格说,"这三个问题都可以用一个共同的原则加以解决。首先,7,5 以及 89 这些特别的数事实上是完全任意的,也就是说,给定*任意*一个数 A,有一个 X 生成 AX 的重复,有一个 X 生成 AX 的反转。再有,给定任意一个数 A,有一个 X 生成 AX 的伙伴,也有一个 X 生成 AX 的反转的重复或者 AX 的伙伴的反转。这个共同原则就是,给定*任意*一个运算数 M 和任意一个数 A,必定有一个 X 可以生成 $M(AX)$,其中 $M(AX)$ 也就是应用运算 M 到

*AX*这个数上得到的那个数。"

24

当然,克雷格是对的:给定任意一个运算数*M*和任意一个数*A*,必定有一个*X*可以生成*M*(*AX*)。让我们把这个原则称作*克雷格第二定律*吧。你怎样证明这个原则?并且在给定一个运算数*M*和一个数*A*的情况下,你怎样明确地找到一个能生成*M*(*AX*)的*X*?

25

麦卡洛克说:"我刚才在考虑另外一个问题。对于任意一个数*X*,我们用$\overleftarrow{X}$代表*X*的反转。你能找到一个数*X*,它生成$\overleftarrow{X}$67吗?也就是说,是否有一个*X*可以生成*X*的反转后面跟着67?一般而言,对于任意一个数*A*,是否真的有一个*X*能生成$\overleftarrow{X}A$?"

26

"我想到另外一个问题,"麦卡洛克说,"是否有一个数*X*能生成$\overleftarrow{X}$67的*重复*?更普遍的问题是,对于任意一个*A*,是否真的有某个*X*能生成$\overleftarrow{X}A$的重复?进一步普遍的问题是,对于任意一个*A*以及任意一个运算数*M*,是否必定有某个*X*能生成*M*($\overleftarrow{X}A$)?"

讨论:克雷格定律不仅对于麦卡洛克的第二台机器来说是成立的,而且对于麦卡洛克的第一台机器来说也是成立的。事实上,对于任何同时遵守规则1和规则2的机器来说都是成立的。也就是说,无论我们如何通过增加新规则来升级麦卡洛克的第一台机器,得到的机器仍然遵守克雷格定律(事实上也遵守克雷格的第二个定律)。

克雷格第一定律与可计算函数理论中的一个被称作*递归定理*或者有时候被称作*不动点定理*的著名结果相关。麦卡洛克的规则1和规则2是我所见过的能够获得这个结果的所有规则集合中最为简洁的。它们还有另外一个令人惊奇的性质,这个性质和可计算函数理论中被称作*双重递归定理*的另外一个著名结果相关,在下一章我们会解释这一性质。这一切都与自复制机器以及克隆等主题有关系。

解答

1. 克雷格说:"对于你现在的机器来说,有无穷多个不同的数可以生成自己。"

"对! 你如何证明这一点呢?"麦卡洛克说。

"哦,"克雷格回答,"如果有一个数 S 满足如下条件:对于任意一组 X 和 Y,若 X 生成 Y,则 SX 生成 Y 的伙伴,那么我们称 S 为'A 数'。在你添加那条新的规则之前,3 是唯一的 A 数。但是对于你现在的机器来说,有无穷多个 A 数,而且对于任意的 A 数 S 来说,由于 $S2S$ 生成 S 的伙伴也就是 $S2S$,$S2S$ 这个数必定生成自己。"

"你怎么知道有无穷多个 A 数呢?"麦卡洛克问道。

克雷格回答:"首先,对于任意两个数 X 和 Y,如果 X 生成 Y,那么 $44X$ 也生成 Y,对吗?"

"聪明的观察!"麦卡洛克回答说,"显然你是对的。如果 X 生成 Y,那么 $4X$ 生成 Y 的反转,从而 $44X$ 必定生成 Y 的反转的反转,也就是 Y 自己。"

"好的。"克雷格说,"所以如果 X 生成 Y,那么 $44X$ 也会生成 Y,从而 $344X$ 会生成 Y 的伙伴。因而,344 也是一个 A 数。既然 344 是一个 A 数,那么 3442344 必定生成它自己。"

麦卡洛克说:"非常好! 所以现在我们有两个数,323 和 3442344,它们分别生成它们自己。但是它们如何衍生出无穷多个这样的数呢?"

"显然,"克雷格说,"如果 S 是一个 A 数,那么 $S44$ 同样是一个 A 数,因为对于任意两个数 X 和 Y,如果 X 生成 Y,那么 $44X$ 同样生成 Y,而由于 S 是一个 A 数,$S44X$ 就会生成 Y 的伙伴。所以 3 是一个 A 数,从而 344 也是,从而 34444 也是,并且以此类推就有,3 后面跟着偶数个 4 而形成的数就是一个 A 数。所以 323 生成它自己,3442344 也生成它自己,34444234444 也生成它自己,如此等等。因此我们就有无穷多个答案。"

"顺便说两句,"克雷格补充说,"这些数还不是全部的答案,443 和 44443 这两个数也是 A 数,事实上,任意由偶数个 4 后面跟着 3 再跟着偶数个 4 而形成的数,如 4434444,都是 A 数。并且对于每一个这样的数 S,$S2S$ 都生成它自己。"

2. 43243 是一个答案。既然 243 生成 43,那么 3243 生成 43 的伙伴。因而 43243 必定生成 43 的伙伴的反转,而由于 43243 是 43 的伙伴,后者也就是 43243 的反转。所以 43243 生成它自己的反转。

现在读者也许正在疑惑 43243 是如何被发现的。是通过长度比较法发现的吗?不,用长度比较法来证明现在这台机器相关的事情是十分笨拙的。这个答案是通过克雷格定律找到的,我们将在本章的后续内容加以说明。

3. 一个答案是 3432343。我们让读者自己来计算 3432343 这个数生成的数,计算出来之后读者就会看到它的确是 3432343 的反转的伙伴。这个答案同样是通过克雷格定律找到的。

4. 53253 就行。克雷格定律同样是找到这个答案的关键工具。

5. 4532453 是一个答案。

6. 5432543 是另外一个答案。

7. 一旦我们知道某个数生成它自己,那么这个问题的解答就显而易见了。如果 X 生成 X,那么 $5X$ 当然生成 X 的重复。所以举例来说,5323 生成 323 的重复。

8. 5332533 是一个答案。再一次利用了克雷格定律。

9. 3532353 是一个答案。它也是利用克雷格定律找到的。我希望我可以调动读者对于深入了解克雷格定律的胃口。

10. $5(5) = 55$。因为 $5(5)$ 是 5 的重复。所以我们取 M 为 5,也取 X 为 5。我从来没有说过 M 和 X 必须是不同的!

11. $4(4) = 4$。由于 $4(4)$ 是 4 的反转,也就是 4。所以 $M = 4$ 就是一个答案。实际上任何只由 4 构成的字符串都可以。

12. 试一下 $M=3$ 和 $X=2$。$3(2)=222$。

13. $4(6)=6$，并且 $6=4+2$，所以 $4(6)=4+2$。所以 $M=4$ 而 $X=2$。

14. $M=55$，$X=55$ 是一个解。

15. $M=4$，$N=44$ 是一个解。

16. $M=5$，$N=55$ 是一个解。

17. $M=5$，$N=4$ 是一个解。

18. $M=3$，$N=5$ 是一个解。

19. $M=54$，$N=45$ 是一个解。

20. 设 M 是任意一个运算数。我们由事实 1 知道，对于任意两个数 Y 和 Z，如果 Y 生成 Z，那么 MY 生成 $M(Z)$。取 Z 为 MY，如果 Y 生成 MY，那么 MY 必定生成 $M(MY)$。所以如果取 MY 为 X，那么 X 这个数就会生成 $M(X)$！所以这个问题就归结为寻找某个能生成 MY 的 Y。但是这个问题在上一章已经利用麦卡洛克定律解决了，答案就是取 Y 为 32M3！所以对于 X 来说，我们取 $M32M3$，X 就会生成 $M(X)$。

让我们复核一下。设 $X=M32M3$。既然 2M3 生成 M3，那么根据规则 2，32M3 生成 M32M3，从而 M32M3 生成 $M(M32M3)$。所以 X 生成 $M(X)$，其中 X 为 M32M3。

现在来看看这个结果的一些应用。为了找到一个能生成 X 的重复的 X，我们取 M 为 5，所以相应的解答（更确切地说是一个解答）就是 53253。为了找到一个能生成它自己的反转的 X，我们取 M 为 4，那么 X 就是 43243。为了找到一个能生成它自己的反转的伙伴的 X，我们取 M 为 34，那么一个解就是 3432343。

对于麦卡洛克的第一个问题，即找到一个能生成它自己伙伴的反转的重复的 X，我们取 M 为 543（其中 5 代表重复，4 代表反转，而 3 则代表伙伴），那么这个解就是 543325433。读者可以直接验证 543325433 是否生成 543325433 的伙伴的反转的重复。对于麦卡洛克的第二个问题，即找到一个能生成它自己的反转的重复的伙伴的 X，我们就取 M 为 354，由此得到

354323543 这个解。

克雷格定律真是了不起啊!

21,22,23,24. 问题 21,22 和 23 都是问题 24 的特殊情况,所以我们首先解决问题 24。

给定一个运算数 M 以及一个任意的数 A,而我们希望找到一个 X,它生成 $M(AX)$。这里的诀窍在于找到某个 Y,它不能生成 MY 但是能生成 AMY:让我们取 Y 为 $32AM3$。既然 Y 可生成 AMY,那么根据事实 1,MY 必定生成 $M(AMY)$。因而再取 X 为 MY,那么 X 就会生成 $M(AX)$。既然我们已经取 Y 为 $32AM3$,那么 X 就是 $M32AM3$。所以 $M32AM3$ 就是我们所希望得到的解。

为了把这个结果应用到问题 21 上,我们首先需要注意 $7X7X$ 等同于 $7X$ 的重复,所以我们想要的是一个能生成 $7X$ 的重复的 X(可以将其视为 AX 的重复,其中 A 为 7)。所以 A 就是 7,而且显而易见的是,由于 5 代表重复运算,我们就会取 M 为 5,所以答案就是 532753。读者可以直接验证 532753 确实会生成 7532753 的重复。对于问题 22,A 则为 9,并且我们取 M 为 4,那么相应的解就是 432943。对于问题 23,A 为 89,并且我们取 M 为 3,所以相应的解就是 3328933。

25. 是的,对于任意一个数 A,都有一个 X 能生成 $\overleftarrow{X}A$,也就是 $432\overleftarrow{A}43$。假如 A 为 67,则 $\overleftarrow{A}$ 就是 76,所以相应的解就是 4327643。

26. 对于最为普遍的情况而言,诀窍在于认识到 $\overleftarrow{X}A$ 是 $\overleftarrow{A}X$ 的反转,以及由此推得 $M(\overleftarrow{X}A) = M4(\overleftarrow{A}X)$。根据克雷格第二定律,一个能生成 $M4(\overleftarrow{A}X)$ 的 X 就是 $M432\overleftarrow{A}M43$,这也就是一个解。特别地,取 M 为 5 而 A 为 67,一个能生成 $\overleftarrow{X}67$ 的重复的 X 就是 543276543(读者可以直接验证这一点)。

第 11 章

弗格森定律

现在我们要讨论麦卡洛克的机器的一个有趣的新进展。在上次会面之后大约两周,麦卡洛克收到克雷格寄来的一封信:

亲爱的麦卡洛克:

我对于你的数字机器极其着迷,我的朋友弗格森也如此。你认识弗格森吗?他正在努力研究纯粹逻辑,而且也制造了几台逻辑机器。但是他的兴趣更为广泛,举例来说,他对于那类被称作逆推分析的象棋问题非常感兴趣。他对于纯粹的组合问题也有强烈的兴趣,这正是你的机器所要处理的问题。我上周去拜访了他,把你上次提出的所有问题都转述给了他,他极为着迷。三天之后我遇见他,他对你的机器作了评价,其大意是怀疑你那两台机器还有某些有趣的性质尚未被发现!他对于这一切感觉有点疑惑,想花更多的时间来认真思考这件事情。

弗格森下周五的晚上会来和我一起共进晚餐。为什么你不来加入我们呢?我相信你们两个人会有很多共同语言,而且探明他对于你的机器究竟有一些什么样的想法也许是非常有趣的。

希望到时候能见到你,我永远是你真挚的朋友!

L·克雷格

麦卡洛克很快作了回复：

亲爱的克雷格：

不，我没有见过马尔科姆·弗格森，但是我从我们的一些朋友那儿听说过他的很多事情。他不是杰出的逻辑学家戈特洛布·弗雷格的学生吗？我知道他正在研究基础数学的一些基本思想，而我当然乐于接受这个和他见面的机会。不用说，我非常好奇他对于我的机器会有些什么样的想法。感谢你的邀请，我荣幸之至！

致以诚挚的问候！

N·麦卡洛克

两个客人都到了。在享用过由克雷格的女房东霍夫曼夫人准备的丰盛晚餐之后，数学讨论就开始了。

"我知道你已经制造了一些逻辑机器。"麦卡洛克说，"我想知道更多关于它们的事情。你可以为我解释一下吗？"

"啊，说来话长。"弗格森回答，"我至今还没有解决它们在运算上的一个基本问题。为什么你和克雷格不找个时间来参观一下我的工作室呢？到时候我就可以告诉你们整个故事。但是今天晚上，我更想谈论你的机器。正如我在几天前告诉克雷格的那样，我怀疑它们有某些连你也没有注意到的性质。"

"是什么性质呢？"麦卡洛克问道。

1

弗格森回答说："哦，让我们从一个使用你的第二台机器的例子开始吧。有两个数 X 和 Y，它们满足 X 生成 Y 的反转而 Y 生成 X 的重复。你可以找到它们吗？"

克雷格和麦卡洛克对于这个问题都非常着迷，立即动手尝试解决。可是没人成功。这个问题当然是可以解决的，而踌躇满志的读者也许喜欢自己亲手解决它。这里涉及一个基本原则,我们将会在这一章的后面详细地解释。一旦读者知道了这个原则,就会欣喜地发现这件事情原来这么简单。

2

在弗格森把解答告诉他们之后,克雷格说:"我完全给弄糊涂了。我明白你的解答是正确的,但是你究竟是如何发现它的? 你仅仅是碰巧找到 X 和 Y 这两个数,还是你有某个合理的方案可以发现它们? 对于我来说,它看起来就像一种魔术!"

"是的。"麦卡洛克说,"这就像从一顶帽子里抓出一只兔子一样!"

"啊,是的。"弗格森笑着,看见他们陷入困惑而洋洋自得,"只不过看起来我从一顶帽子里面抓出来的是*两只兔子*,它们各自对对方都有奇特的影响力。"

克雷格回答说:"那是当然! 只是我想知道你是怎样知道要抓哪一只兔子的!"

"好问题,好问题!"弗格森回答说,语气中是前所未有的得意,"现在让我们再来试试另外一种情况。找到两个数 X 和 Y,它们满足 X 生成 Y 的重复而 Y 生成 X 的伙伴的反转。"

"噢,不!"麦卡洛克尖叫起来。

"等一会儿,"克雷格说,"我想我开始有了一个想法。弗格森,你想告诉我们的是,对于那台机器能够执行的任意两个运算,分别给定对应的运算数 M 和 N,必定有两个数 X 和 Y 满足 X 生成 $M(Y)$ 和 Y 生成 $N(X)$ 这个性质吗?"

"完全正确!"弗格森感叹道,"举例来说,我们能够找到两个数 X 和 Y 满足 X 生成 Y 的双重伙伴而 Y 生成 X 的反转的重复,或者任何其他你能够说得出来的组合。"

麦卡洛克尖叫道:"哇,那是多么神奇的性质啊! 最近我一直在试图制造一台恰好具有这个性质的机器,却一点都没有意识到我已经有这样一台机器了!"

"毫无疑义,你现在意识到了。"弗格森回答。

"你怎么证明这一点呢?"麦卡洛克问。

"哦,让我们一步步地证明。"弗格森回答,"这件事的核心其实在于你的规则1和规则2。所以让我们首先看看你的第一台机器,也就是那台仅仅使用了这两条规则的机器,看看是否能够发现一些有用的东西。我们将从一个简单的问题开始:仅仅使用规则1和规则2,你们能够找到两个*不同的*数X和Y满足X生成Y而且Y生成X吗?"

克雷格和麦卡洛克马上动手尝试解决这个问题。

克雷格咯咯一笑,说:"噢,当然! 它显然可以从麦卡洛克几周之前告诉我的某件事情当中推理出来。"

你能够找到这样的一组X和Y吗?

3

"现在,"弗格森说,"对于任意一个数A,有两个数X和Y满足X生成Y并且Y生成AX。给定一个A,你们知道怎样找到这样的一组X和Y吗? 比如,你们能够找到一组X和Y满足X生成Y并且Y生成$7X$吗?"

"我们仍然只能使用规则1和规则2,还是我们也可以使用规则3和规则4呢?"克雷格问。

"你们仅仅需要规则1和规则2。"弗格森回答。

于是克雷格和麦卡洛克尝试解决那个问题。

"我找到一个解了!"克雷格说。

4

麦卡洛克在克雷格讲解了他的解答之后说:"有趣的是,我找到了一个不同的解!"

确实有第二个解。你能够找到它吗?

5

弗格森说:"现在,我们要谈论的是一个真正关键的性质:仅仅从规则1和规则2,我们可以得出,对于任意两个数A和B,都存在两个数X和Y满足X生成AY并且Y生成BX。比如,存在两个数X和Y满足X生成$7Y$并且Y生成

8X。你们能够找到它们吗？"

6

弗格森说："很容易从最后一个问题,甚至更直接地从克雷格第二定律推断出,对于任意两个运算数 M 和 N,必定存在 X 和 Y 满足 X 生成 $M(Y)$ 并且 Y 生成 $N(X)$。这不仅对于你现在的机器成立,而且对于*任意的*遵守规则 1 和规则 2 的机器成立。对于你现在的机器,举例来说,就有两个数 X 和 Y 满足 X 生成 Y 的反转并且 Y 生成 X 的伙伴。你们能够找到它们吗？"

7

"那太有趣啦！"在弗格森和克雷格解决了最后一个问题之后,麦卡洛克对弗格森说,"现在,我想到这样一个问题,我的机器遵守一条和克雷格第二定律类似的'两重数'规则吗？ 也就是说,给定两个运算数 M 和 N 以及两个数 A 和 B,必定存在两个数 X 和 Y 满足 X 生成 $M(AY)$ 并且 Y 生成 $N(BX)$ 吗？"

"噢,是的,"弗格森回答,"比如,有两个数 X 和 Y 满足 X 生成 7Y 的重复并且 Y 生成 89X 的反转。"

你能够找到这样的数吗？

8

"我想到另外一个问题。"克雷格说,"给定一个运算数 M 和一个数 B,必定有一个 X 和一个 Y 满足 X 生成 $M(Y)$ 而且 Y 生成 BX 吗？ 比如,有两个数 X 和 Y 满足 X 生成 Y 的伙伴而 Y 生成 78X 吗？"

有吗？

9

"事实上,"弗格森说,"许多其他的组合也是可能的。给定任意两个运算数 M 和 N 和任意两个数 A 和 B,你可以找到两个数 X 和 Y 满足下面的条件:

(a) X 生成 $M(AY)$ 并且 Y 生成 $N(X)$。

(b) X 生成 $M(AY)$ 并且 Y 生成 BX。

(c) X 生成 $M(Y)$ 并且 Y 生成 X。

(d) X 生成 $M(AY)$ 并且 Y 生成 X。

你如何证明这些事实呢?"

10 三重数以及更多

"哦,我想我们已经把所有可能的情况都梳理清楚了。"克雷格说。

弗格森回答:"实际上并没有。迄今为止我向你们展示的仅仅是一点开头的内容。举例来说,你们知道有三个数 X, Y 和 Z 满足 X 生成 Y 的反转, Y 生成 Z 的重复而且 Z 生成 X 的伙伴吗?"

"噢,不!"麦卡洛克感叹道。

"噢,是的。"弗格森补充说道,"给定任意三个运算数 M, N 和 P,必定有三个数 X, Y 和 Z 满足 X 生成 $M(Y)$, Y 生成 $N(Z)$ 以及 Z 生成 $P(X)$。"

你知道如何证明这一点吗?特别地,什么样的数 X, Y 以及 Z 可以满足 X 生成 Y 的反转, Y 生成 Z 的重复而且 Z 生成 X 的伙伴呢?

"当然,"在克雷格和麦卡洛克解决了这个问题之后,弗格森说,"这个'三重'定律可能有各种各样的变体。比如,给定任意三个运算数 M, N 和 P 以及任意三个数 A, B 和 C,有三个数 X, Y 和 Z 满足 X 生成 $M(AY)$, Y 生成 $N(BZ)$ 而且 Z 生成 $P(CX)$。如果你忽略掉 A, B 和 C 这三个数当中的任意一个或者两个,它也是成立的。我们也能够找到三个数 X, Y 和 Z 满足 X 生成 AY, Y 生成 $M(Z)$ 而且 Z 生成 $N(BX)$。各种各样的变体都是可能的,你们可以在闲暇的时候设计出这些变体。"

弗格森继续说道:"并且,相同的想法对于四个或者更多的运算数也是可行的。比如,我们可以找到四个数 X, Y, Z 以及 W 满足 X 生成 $78Y$, Y 生成 Z 的重复, Z 生成 W 的反转而且 W 生成 $62X$ 的伙伴。这种可能性实际上是没有止境的。它们都根源于规则1和规则2中内在的令人惊奇的力量。"

解答

1. 一个解是取 $X = 4325243$, $Y = 524325243$。由于 25243 生成 5243,那么 325243 生成 5243 的伙伴,也就是 524325243。由于 325243 生成 Y,那么

4325243 生成 Y 的反转,而 4325243 就是 X。因此 X 生成 Y 的反转。并且显而易见的是,Y 生成 X 的重复(因为 Y 是 52X,而且由于 2X 生成 X,52X 生成 X 的重复)。因此,X 生成 Y 的反转而且 Y 生成 X 的重复。

2. 克雷格回想起麦卡洛克定律来:对于任意一个数 A,有某个数 X(也就是 32A3)生成 AX。特别地,如果我们取 A 为 2,那么有一个数 X(也就是 3223)生成 2X。而且当然还有 2X 反过来生成 X。所以 3223 和 23223 是一对符合要求的数,3223 生成 23223,而 23223 生成 3223。

3. 克雷格是用下面的方法来解决这个问题的。他推断出,只需要找到某个能生成 27X 的 X 就可以了。于是,如果我们设 Y = 27X,那么 X 生成 Y 而且 Y 生成 7X。并且,克雷格还发现有一个 X,也就是 32273,生成 27X。所以克雷格的解是 X = 32273,Y = 2732273。

当然,这个方法不仅对于 7 这个特别的数来说是可行的,而且对于任意一个数 A 都是可行的:如果我们设 X = 322A3 并且 Y = 2A322A3,那么 X 生成 Y 并且 Y 生成 AX。

4. 麦卡洛克是用下面的方法来解决这个问题的。他推断出,只要找到某个能生成 72Y 的 Y 就可以了。于是,如果我们设 X 就是 2Y,那么 X 生成 Y 并且 Y 生成 7X。我们知道怎样找到这样一个 Y:取 Y = 32723。所以麦卡洛克的解就是 X = 232723,Y = 32723。

5. 只需要找到一个能生成 A2BX 的 X 就可以了。于是,如果我们设 Y = 2BX,那么 X 生成 AY 并且 Y 生成 BX。32A2B3 就是这样一个能生成 A2BX 的 X。所以 X = 32A2B3,Y = 2B32A2B3 就是一个解。在 A = 7,B = 8 这一特殊情况下,这个解就是 X = 327283,Y = 28327283。

6. 我们首先用克雷格第二定律来解决这个问题。我们可以回想一下,这个定律说的是对于任意的运算数 M 和任意的数 A,有一个数 X(也就是 M32AM3)能生成 $M(AX)$。现在,取任意两个运算数 M 和 N。取 A 为 N2,那么根据克雷格第二定律,就有一个数 X(也就是 M32N2M3)生成 $M(N$2$X)$。并且理所当然的是,N2X 生成 $N(X)$。所以,如果我们设 Y 为 N2X,那么 X 生成

$M(Y)$ 而 Y 生成 $N(X)$。因而,一个解就是 $X = M32N2M3, Y = N2M32N2M3$。对于弗格森提出来的那个特殊问题来说,我们取 M 为 4 而 N 为 3,那么相应的解就是 $X = 4323243, Y = 324323243$。读者可以直接检验是否 X 生成 Y 的反转而且 Y 生成 X 的伙伴——后半部分是特别明显的。

我们也可以用下面的方法来解决这个问题。根据问题 5 的解答,我们知道有两个数 Z 和 W 满足 Z 生成 NW 而且 W 生成 MZ(也就是说,$Z = 32N2M3, W = 2M32N2M3$)。然后,根据上一章的事实 1,MZ 生成 $M(NW)$ 并且 NW 生成 $N(MZ)$;所以如果设 X 为 MZ 而 Y 为 NW,那么就有,X 生成 $M(Y)$ 而且 Y 生成 $N(X)$。我们因而得到解 $X = M32N2M3, Y = N2M32N2M3$。

7. 我们现在需要一个能生成 $M(AN2BX)$ 的 X。根据克雷格第二定律,这个 X 就是 $M32AN2BM3$。于是我们取 Y 为 $N2BX$。那么 X 生成 $M(AY)$,而且 Y(也就是 $N2BX$)也就明显地生成 $N(BX)$。所以这个一般的解(至少是其中一个一般的解)就是 $X = M32AN2BM3, Y = N2BM32AN2BM3$。对于那个特殊问题来说,显而易见的是,我们取 M 为 5,N 为 4,A 为 7,B 为 89。

8. 根据克雷格第二定律,有一个能生成 $M(2BX)$ 的 X——也就是,$X = M322BM3$。于是设 $Y = 2BX$。那么 X 生成 $M(Y)$ 而且 Y 生成 BX。对于那个特殊问题,我们取 M 为 3 而 B 为 78,由此得到一个解 $X = 33227833, Y = 27833227833$。

9. (a) 取一个能生成 $M(AN2X)$ 的 X,并且取 Y 为 $N2X$(我们可以取 X 为 $M32AN2M3, Y$ 为 $N2M32AN2M3$),那么 X 生成 $M(AY)$ 并且 Y 生成 $N(X)$。

(b) 取一个能生成 $M(A2BX)$ 的 X,并且取 Y 为 $2BX$(所以现在的一个解就是 $X = M32A2B3, Y = 2BM32A2BM3$)。

(c) 如果 X 生成 $M(Y)$ 并且 $Y = 2X$,我们就有一个解,所以取 $X = M322M3, Y = 2M322M3$。

(d) 如果 X 生成 $M(AY)$ 并且 $Y = 2X$,我们就有一个解,所以取 $X = M32A2M3$ 和 $Y = 2M32A2M3$。

10. 根据克雷格第二定律,有一个能生成 $M(N2P2X)$ 的 X——也就是 $X = $

$M32N2P2M3$。设 $Y = N2P2X$，则 X 生成 $M(Y)$。设 $Z = P2X$，则 $Y = N2Z$。因而 Y 生成 $N(Z)$，并且 Z 生成 $P(X)$。

所以它的解就可以明确地写成 $X = M32N2P2M3$，$Y = N2P2M32N2P2M3$，$Z = P2M32N2P2M3$。

对于那个特别的问题来说，对应的解就是 $X = 432523243$，$Y = 5232432523243$，并且 $Z = 32432523243$。

读者可以通过直接计算验证 X 生成 Y 的反转，Y 生成 Z 的重复，并且 Z 生成 X 的伙伴。

附带说一下，给定任意三个数 A，B 以及 C，我们能够找到三个数 U，V 以及 W，它们满足 U 生成 AV，V 生成 BW，以及 W 生成 CU：只要取一个能生成 $A2B2CU$ 的 U（如果我们使用克雷格第二定律，那么 $U = 32A2B2C3$）。然后设 $V = 2B2CU$，而 $W = 2CU$。那么 U 生成 AV，V 生成 BW，并且 W 生成 CU。如果现在 A，B 以及 C 都是运算数，那么就取 $X = AV$，$Y = BW$，以及 $Z = CU$，就有 X 生成 $A(Y)$，Y 生成 $B(Z)$，并且 Z 生成 $C(X)$，因此我们就有了解决这个问题的另外一种方法。

第12章

插曲:让我们来推广一下

在上次三个人见面之后两天,克雷格突然出人意料地被苏格兰场派到挪威,去处理一个虽然有趣但是跟我们这里的问题没有关系的案子。在克雷格离开的这段时间里,我将利用这个机会向你们介绍一些我个人关于麦卡洛克数字机器的想法。那些非常急于找到蒙特卡洛锁谜题的答案的读者如果愿意,也可以先跳过这一章稍后再回来。

数学家非常喜欢推广! 典型的情况是,一个数学家X证明了一个定理,而这个定理发表六个月之后,就有一个数学家Y冒了出来,自言自语地说:"啊哈,X已经证明了一个非常漂亮的定理,但是我能够证明某个更普遍的结论!"所以Y就发表了一篇题为《X定理的一个推广》的论文。或者Y也许更狡猾一些,他会采取下面的做法:首先偷偷地推广X的证明,然后得到他自己的推广的一个特殊情形,而且这个特殊情形看起来是如此不同于X的原始定理以至于Y能够把它作为一个新的定理来发表。然后,就会出现另外一个数学家Z,他感觉到在某个地方有某个重要性质为X的定理和Y的定理所共有,在付出大量的努力之后,Z找到了一个公共原则。然后Z发表了一篇论文,他在其中陈述和证明了这个新原则,并且补充说:"根据下面的论证……,X的定理和Y的定理都能够作为我的定理的特殊情形而被得到。"

哦,我也不例外,所以我希望首先指出麦卡洛克的机器中某些我怀疑麦卡洛克、克雷格以及弗格森都没有认识到的特征，然后我想要做一些推广。

当我回顾对于麦卡洛克第二台机器的讨论的时候，首先触动我的就是，一旦引入了规则4（重复规则），我们就不再需要规则2（伙伴规则）来获得像克雷格定律或者弗格森定律之类的定律了！事实上，我们可以来看看一个仅仅使用规则1和规则4的机器：对于这样一台机器，我们能够找到一个能生成自己的数；我们也能够找到能生成它自己的重复的数；给定任意的A，我们能够找到一个能生成AX的数X，我们能够找到一个生成AX的重复的X或者一个能生成AX的重复的重复的X。还有，仍然假设规则2已经从麦卡洛克机器中删除，那么，我们就能找到一个能生成它自己的反转的X或者一个能生成它自己的反转的重复的X或者（对于任意的A）一个能生成AX的反转的X或者一个能生成AX的反转的重复的X。还有，假设我们考虑的是一个遵守麦卡洛克的规则1，规则2以及规则4（除了规则3，也就是反转规则）的机器。现在有两个不同的方法构建一个能生成它自己的伙伴的数；有两种方法构建一个能生成它自己的重复的数；两种方法构建一个能生成它自己的重复或者它自己的伙伴的重复的数。

最后，对于*任意*一个至少满足规则1和规则4的机器来说，克雷格的那些定律和弗格森的那些定律全都成立。因此我们也可以对于前两章的大部分问题提供一个采用规则4而不是规则2的替代方法（读者能够明白这一切是如何做到的吗？如果不能，下面将给出详细的解释）。

我可以说很多，但还是长话短说吧，我将用下面三个事实总结我主要的观察结果：

事实1：正如任何遵守规则1和规则2的机器也遵守麦卡洛克定律（对于任意的A，都有某个X能生成AX）一样，任何遵守规则1和规则4的机器也遵守这个定律。

事实2：任何遵守麦卡洛克定律的机器也遵守克雷格的两个定律。

事实3：任何既遵守克雷格第二定律又遵守规则1的机器也遵守弗格森定律。

你知道如何证明这三个事实吗？

解答

让我们先来看一个遵守规则1和规则4的机器。对于任意的X, 52X生成XX, 因而如果我们取X为52, 我们就会看到5252生成5252。所以我们就有一个能生成它自己的数。还有, 552552生成它自己的重复。还有, 对于任意的A, 为了找到一个能生成AX的X, 我们就取X为52A52（它生成A52的重复, 也就是A52A52, 也就是AX）。这就证明了事实1（如果我们想要找到一个能生成AX的重复的X, 那么取X为552A552）。

现在, 让我们来看一个遵守麦卡洛克的规则1、规则3以及规则4的机器。一个能生成它自己的反转的数是452452（它生成452的重复的反转, 换句话说就是452452的反转, 可以拿它和前面的解43243作一个比较）。一个能生成它自己的反转的重复的数是54525452（可以拿它和前面的解5432543作一个比较）。

现在, 再来看一个遵守规则1、规则2以及规则4的机器。我们知道33233生成它自己的伙伴, 352352也是这样的一个数。至于要找一个能生成它自己的重复的X, 我们已经有了53253和552552这两个解。至于要找一个能生成它自己的重复的伙伴的数, 一个解是3532353, 另一个是35523552。至于要找一个能生成它自己的伙伴的重复的数, 一个解是5332533, 而另一个是53525352。

现在, 来看任意一个至少遵守麦卡洛克机器的规则1和规则4的机器。给定一个运算数M, 一个能生成$M(X)$的X是M52M52（可以拿它和前面使用规则2而不是规则4得到的解M32M3作一个比较）。而给定一个运算数M和一个数A, 一个能生成$M(AX)$的X是M52AM52（可以拿它和前面的解M32AM3作一个比较）。这就证明了从规则1和规则4我们能够得到克雷格的两个定律。但是, 我已经在事实2中陈述了麦卡洛克定律本身就足以得到克雷格的两个定律这一更为普遍的命题,而这个命题可以使用第 10 章中的证明方式加以证明——这种证明方式就是,给定一个运算数 M,有某个 Y 生成 MY,从而 MY 生成 $M(MY)$,从而 X 生成 $M(X)$,其中 $X = MY$。并且对于任意的 A,如果有某个 Y 生成 AMY,那么 MY 生成 $M(AMY)$,所以对于 $X = MY$ 就有 X 生成 $M(AX)$。

至于事实 3,它可以像上一章那样得到证明。比如,给定运算数 M 和 N,如果克雷格第二定律成立,那么就有某个 X 生成 $M(N2X)$,并且如果我们取 Y 为 $N2X$,那么就有 X 生成 $M(Y)$ 而 Y 生成 $N(X)$。

第 13 章

其中的关键

　　克雷格在挪威处理事务所花费的时间比预料的要少一些,而他回到家的时候正好距离他出发那天整整三个星期。当他回到他的房子的时候,他发现了麦卡洛克给他的留言:

亲爱的克雷格:

　　如果你能够在 5 月 12 日(星期五)之前回来,那么我将诚挚地邀请你共进晚餐。我已经邀请了弗格森。

　　致以最真挚的问候!

诺曼·麦卡洛克

　　"太棒了!"克雷格自言自语道,"我回来得正是时候!"

　　当克雷格到达麦卡洛克的家里的时候,弗格森已经到了约 1 刻钟了。

　　"哦,哦,欢迎回来!"麦卡洛克说。

　　"在你离开期间,"弗格森说,"麦卡洛克发明了一台新的数字机器!"

　　"噢?"克雷格回应道。

　　"并不全是我一个人发明的,"麦卡洛克说,"其中也有弗格森的一份功劳。但是这台机器极其有趣,它有下面四条规则:

M－Ⅰ:对于任意的数 X,$2X2$ 生成 X。

M－Ⅱ:如果 X 生成 Y,那么 $6X$ 生成 $2Y$。

M－Ⅲ:如果 X 生成 Y,那么 $4X$ 生成 $\overset{\leftarrow}{Y}$(这点和前面那台机器一样)。

M－Ⅳ:如果 X 生成 Y,那么 $5X$ 生成 YY(这点和前面那台机器一样)。"

"这台机器拥有我前面那台机器的所有优良性质——它遵守你的两个定律也遵守弗格森定律的那些双重版本。"麦卡洛克说。

克雷格非常深入地研究这些规则好一会儿。

"我没有取得任何进展,"克雷格最后说,"我甚至不能够找到一个能生成它自己的数。有这样的数吗?"

"噢,有啊,"麦卡洛克回答说,"不过在现在的机器中找它们比在前面的机器中找要困难得多。事实上,我无法解决这个问题,但是弗格森解决了。我们所找到的那些能生成它自己的数中最短的也有10位。"

克雷格再一次陷入沉思。"诚然,前两条规则还不足以获得这样一个数,是吗?"

"当然! 我们需要运用全部四条规则才能得到这样一个数。"麦卡洛克回答说。

"太不寻常啦!"克雷格说道,然后又一次开始深入研究。

"天哪!"克雷格突然大声叫道,几乎从椅子上跳了起来,"哎呀,这就解决了蒙特卡洛之锁的谜题啦!"

"你究竟在说什么呀?"弗格森问道。

"噢,对不起!"克雷格说道,然后告诉了他们关于蒙特卡洛锁的整件事。

"我相信你们会对这件事保密。"克雷格最后说,"现在,麦卡洛克,如果你告诉我一个能生成它自己的数,那么我就能够马上找到一个可以打开那把锁的组合密码。"

所以,这里就有三个谜题需要读者来解决:

(1)在这台最新的机器中,什么样的数 X 能生成它自己?

(2)什么样的组合密码可以打开那把锁?

（3）上面这两个问题是如何关联起来的？

结语

第二天一早,克雷格就派出一个可靠的信使把那个组合密码送交给正在蒙特卡洛焦急等待的马丁内斯。那个信使及时抵达,那个保险箱就顺利地给打开了。

遵照马丁内斯的承诺,银行董事会寄给了克雷格一笔可观的奖金,而克雷格则坚持要与麦卡洛克和弗格森一起分享这笔奖金。这三个朋友在雄狮客栈度过了一个愉快的夜晚,算是庆祝。

"啊,是的。"克雷格在一杯醇美的雪利酒下肚后说,"这个案子就和以前我遇到的那些案子一样,十分有趣！而这些数字机器——纯粹出于理智的好奇心发明出来的机器——可能在某一天被证明有如此一个出乎意料的实际应用,这一点难道不值得点赞吗？"

解答

让我们首先再谈一点关于蒙特卡洛锁的事情吧。

在法尔库斯的最后一个条件当中,没有要求 y 是一个不同于 x 的组合。因此,取 x 和 y 相等,该条件就变成了:"假如 x 特别相关于 x,那么如果 x 会堵塞那把锁,则 x 就是中性的,而如果 x 是中性的,则 x 就会堵塞那把锁。"现在, x 不可能既堵塞那把锁又是中性的,由此可知,如果 x 特别相关于 x,那么 x 既不可能堵塞那把锁也不可能是中性的,因而它必定可以打开那把锁！所以,如果我们能够找到一个组合特别相关于它自己,那么这样一个 x 就会打开那把锁。

当然,克雷格在回到伦敦之前就认识到了这一点。但是你如何找到一个特别相关于它自己的组合 x 呢？这就是克雷格一直难以解决的问题,直到他有幸目睹麦卡洛克的第三台机器。

正如后来表明的那样,基于法尔库斯的条件找到一个能够被证明为特别相关于它自己的组合这样一个问题,实际上等同于在麦卡洛克最新的那台机器中找到一个生成它自己的数。唯一的实质差别就是组合是字母构成的字符串,而数字机器的操作对象是数字构成的字符串,但是我们可以通过下面的手段轻易地将其中一个问题转化成另外一个问题:

首先,我们需要考虑的所有组合只是那些使用了 Q, L, V, R 这四个字母(显而易见它们就是扮演关键角色的全部字母)的组合。现在假设我们不使用这些字母,而分别使用数 $2, 6, 4, 5$ 来代替它们,也就是说,2 代替 Q,6 代替 L,4 代替 V,5 代替 R。为了记忆方便,列出下面的对应图表:

$$Q \quad L \quad V \quad R$$
$$2 \quad 6 \quad 4 \quad 5$$

现在,让我们来看看采用数字记法而不是字母记法的时候,法尔库的前四个条件是什么样子的:

(1) 对于任意的数 X,$2X2$ 特别相关于 X。

(2) 如果 X 特别相关于 Y,那么 $6X$ 特别相关于 $2Y$。

(3) 如果 X 特别相关于 Y,那么 $4X$ 特别相关于 $\tilde{Y}$。

(4) 如果 X 特别相关于 Y,那么 $5X$ 特别相关于 YY。

我们很容易看出这些条件除了使用的是*特别相关于*这个短语而不是*生成*以外,刚好就是现在的数字机器的条件(当我表述第8章中的那些条件的时候,也许会用生成这个术语来代替*特别相关于*,只不过现在我不想给读者太多的提示)。所以我们可以明白其中任何一个问题都可以转换成另一个问题。

让我再说一次,而且这次说得更精确一些:对于任意由字母 Q, L, V, R 构成的组合 x,设 $\bar{x}$ 是替换 Q 为 2,L 为 6,V 为 4,R 为 5 而得到的数。比如,如果 x 是组合 $VQRLQ$,那么 $\bar{x}$ 就是 42562。让我们称呼 $\bar{x}$ 为 x 的*编号*。顺便说一句,为表达式指派数的想法起源于逻辑学家哥德尔(Kurt GöDel),术语被称作*哥*

德尔编号。正如我们将在第四部分看到的那样,它具有非常重要的意义。

现在我们就可以精确地陈述上一段的要点如下:对于由字母 Q,L,V,R 构成的组合 x 和 y,如果能够基于麦卡洛克的最新机器的 M－Ⅰ 到 M－Ⅳ 这四个条件证明 $\bar{x}$ 生成 $\bar{y}$,那么就能够基于法尔库斯的前四个条件证明 x 特别相关于 y,反之亦然。

所以,如果我们能够找到一个在这台最新的数字机器当中必定能生成它自己的数,那么这个数必定就是特别相关于它自己的一个组合的编号,而且这个组合可以打开那把锁。

现在,我们如何在现在的这台机器里面找到一个能生成它自己的数 N 呢?首先我们需要找到一个运算数 H,使得对于任意的数 X 和 Y,如果 X 生成 Y,那么 HX 生成 $Y2Y2$。如果我们能够找到这样一个 H,那么对于任意的数 Y,$H2Y2$ 就会生成 $Y2Y2$(因为根据 M－Ⅰ,$2Y2$ 生成 Y),从而 $H2H2$ 就会生成 $H2H2$,于是我们就会找到我们想要的 N。但是我们怎样才能找到这样一个 H 呢?

这个问题就归结为下面的问题:从一个给定的 Y 开始,我们怎样才能通过连续应用现在的机器能够执行的操作得到 $Y2Y2$ 呢?哦,我们能够通过下面的方式由 Y 得到 $Y2Y2$:首先反转 Y,得到 $\bar{Y}$;然后把 2 放到 $\bar{Y}$ 的左边,得到 $2\bar{Y}$;然后反转 $2\bar{Y}$,得到 $Y2$;然后重复 $Y2$,得到 $Y2Y2$。这些运算都可以分别用 $4,6,4$ 以及 5 这些运算数来表示,所以我们取 H 为 5464。

让我们检验一下这个 H 是否真的符合要求:假设 X 生成 Y,而我们要检验的是 $5464X$ 生成 $Y2Y2$。哦,既然 X 生成 Y,$4X$ 生成 $\bar{Y}$(根据 M－Ⅲ),从而 $64X$ 生成 $2\bar{Y}$(根据 M－Ⅱ),从而 $464X$ 生成 $Y2$(根据 M－Ⅲ),从而 $5464X$ 生成 $Y2Y2$(根据 M－Ⅳ)。所以如果 X 生成 Y,那么 HX 的确生成 $Y2Y2$。

既然我们已经找到 H,那就相应地取 N 为 $H2H2$,所以 5464254642 这个数生成自己(读者可以直接验证这一点)。

既然我们知道 5464254642 生成它自己,我们就知道它必定是可以打开那把锁的一个组合的编号。而这个组合就是 *RVLVQRVLVQ*。

当然,我们也可以直接解决蒙特卡洛锁问题,而不是把它翻译成一个数字机器的问题。但是我选择了后一种解法,因为一方面,这就是克雷格找到这个问题的解的实际方法,而另一方面,我觉得对于读者来说,在一个例子当中看到两个数学问题是如何可以有不同的内容但是有相同的抽象形式将会是非常有趣的。

为了直接验证 *RVLVQRVLVQ* 特别相关于它自己(从而可以打开那把锁),我们进行了如下推理。*QRVLVQ* 特别相关于 *RVLV*(根据性质 *Q*),从而 *VQRVLVQ* 特别相关于 *RVLV* 的反转(根据性质 *V*),也就是 *VLVR*。因而,*LVQRVLVQ* 特别相关于 *QVLVR*(根据性质 *L*),从而 *VLVQRVLVQ* 特别相关于 *QVLVR* 的反转,也就是 *RVLVQ*。从而,*RVLVQRVLVQ* 特别相关于 *RVLVQ* 的重复(根据性质 *R*),也就是 *RVLVQRVLVQ*。所以 *RVLVQRVLVQ* 特别相关于它自己。

第四部分

可解还是不可解

第 14 章

弗格森的逻辑机器

在成功破解蒙特卡洛锁的谜案好几个月以后,克雷格和麦卡洛克去拜访弗格森,想了解一下弗格森的逻辑机器。没过多久,他们的话题就转到了可证明性的本质。

"我必须告诉你们一件有趣并且富有启发性的事情,"弗格森说,"在一次几何测试中,一个学生需要证明毕达哥拉斯定理。他交了卷,然后数学老师把卷子发还给他,给了他零分和'这不是证明!'的评语。后来这个学生到数学老师那儿说:'先生,你怎么能说我交给你的东西不是证明呢?你从来没有在课堂上定义过什么是证明呀!你只是对于诸如三角形、正方形、圆、平行、垂直以及其他几何概念给出了明确的定义,但是从来没有确切地定义过你说的'证明'这个词是什么意思。那么,你怎么能够如此肯定地断言我提交给你的就不是一个证明呢?你怎么*证明*它不是一个证明呢?'"

"太棒了!"克雷格一边鼓掌,一边大声说道,"那个男孩将会大有前途!那个老师是如何回应的呢?"

"哦,"弗格森回答说,"不幸的是,那个老师是一个既不懂幽默又缺乏想象力的枯燥无味的迂腐先生。由于那个男孩的鲁莽,老师还扣了他的附加分。"

"太不幸啦!"克雷格不无愤慨地大声说道,"我要是那个老师,我就会因为那个男孩有这种敏锐的观察力而给他最高分！"

弗格森回答说："当然，我也会这样。但是你要知道不幸的是有太多这样的老师，他们自己没有创新能力，反倒认为那些能够独立思考的学生是一种威胁。"

"我必须承认，"麦卡洛克说，"如果我站在那个老师的位置，我也无法回答那个男孩的问题。当然，我会表扬他提出了那个问题，但是我不知道如何回答它。那么，什么才是证明呢？当我看见一个正确的证明的时候，我不知怎么地似乎总是可以把它识别出来，而当我碰到一个无效的论证的时候，我通常也能够把它识别出来。然而如果有人要我为'证明'下定义，我却会因为无法回答而感到痛苦不堪！"

"几乎所有的数学家都是这样的。"弗格森回答说，"他们当中有超过90%的人能够识别一个正确的证明或者看出一个不正确的证明中的谬误，但是他们无法定义所谓的'证明'。逻辑学家感兴趣的一件事就是分析'证明'的概念，使它和其他数学概念一样严谨。"

"如果大多数的数学家虽然无法给'证明'下定义，但是已经知道'证明'是什么，那么为这个概念下定义又有多大的意义呢？"克雷格说。

"有几个原因。"弗格森回答说，"即便没有任何原因，我也希望为了使问题明确而下定义。在数学史上，经常出现某些基本概念（比如连续性）在被严格定义之前的很长时间里面就已经被直觉把握了。然而一旦得到定义，这个概念就会开辟出一个新的方向：一些关于这个概念的事实就能够得以确立，而在缺乏一个关于什么时候应用或者不应用这个概念的确定准则的情况下，要发现这些事实即便不是不可能的，也是极其困难的。'证明'的概念也不例外，有时候一个证明用到了一个新规则，如选择公理，而有时候则在相关原则是否正确的问题上争执不下。倘若给予'证明'一个明确的定义，就可以准确地描述什么样的数学原则被使用或者未被使用。"

"当我们希望证实某个数学陈述不可能由某些公理推导得到的时候，拥有'证明'的明确定义变得尤为重要。这种情形与欧几里得几何学当中的尺规作图问题类似:证明用尺规作图法无法完成某些作图任务(如三等分一个角、化圆为方,或者构造一个体积为给定立方体体积的两倍的立方体),比起正面证明用尺规作图法可以作出这样或那样的图,我们则需要对'作图'这个概念进行更为细致的分析。可证明性也是如此:证明某个陈述*不可以*由某些公理进行论证,比起正面证明某个陈述*可以*从某些公理论证得到,我们则需要对'证明'这个概念进行更为细致的分析。"

一个哥德尔类型的谜题

"现在,"弗格森继续说,"给定一个公理系统,这个系统当中的某个证明是由有限数量的句子依照非常明确的规则排列构造而成的。判定某一串句子是不是这个系统内的一个证明是一件简单的事情,可以按照纯粹机械化的程序完成。事实上,制造一台从事这项工作的机器也是小事一桩。然而,制造一台机器用以判定一个公理系统内的哪些句子是可证明的,哪些是不可证明的,却完全是另一件事情。我怀疑,这件事情是否能够完成取决于它所从属的公理系统……"

"我当前的兴趣是机械化的定理证明,也就是用机器证明各种各样的数学定理。这就是我最新的一台机器。"弗格森骄傲地指着一台长相极其古怪的装置说。

克雷格和麦卡洛克在这台机器前面站了几分钟,试图弄明白它的功能。

克雷格最后问道:"它究竟能做什么?"

"它可以证明各种关于正整数的定理。"弗格森回答说,"我正在研究一种语言,它包含了各种数集的名字,特别是正整数的各种集合的名字。在这个语言当中可以命名的数集有无穷多个。比如,偶数的集合有一个名字,奇数的集合有一个名字,所有能够被3整除的数组成的集合有一个名字……数论研究者感兴趣的每一个集合在这个语言里都有一个名字。现在,尽管有无穷多个可命名的集合,可命名的集合的总数还是不会超过正整数的个数。每一个正整数 n 都和某个可命名的集合 A_n 相关联。因此我们可以把所有可命名的集合排成一个无穷序列 $A_1, A_2, \cdots, A_n, \cdots$（如果你喜欢，你可以想象一本有无穷多页的书，其中每页纸描述一个正整数集合。然后把集合 A_n 看成是这本书的第 n 页所描述的那个集合）。"

"我们采用'$\in$'这个数学符号，它表示'属于'或者'是……的一个元素'，并且对于每一个数 x 和每一个数 y，我们有句子 $x \in A_y$，这个句子读作'x 属于集合 A_y'。这就是我的机器要考察的唯一一种句子类型，而这台机器的功能在于尝试发现什么样的数属于什么样的可命名集合。"

"现在，每一个句子 $x \in A_y$ 都有一个编号，按照通常的二进制记法写出来也就是 x 个 1 后面跟着 y 个 0 而构成的字符串。比如，$3 \in A_2$ 这个句子的编号就是 11100，$1 \in A_5$ 的编号就是 100000。对于任意的 x 和 y，在我这里 $x*y$ 的意思是 $x \in A_y$ 这个句子的编号，因而 $x * y$ 就是 x 个 1 后面跟着 y 个 0 构成的字符串。"

"这台机器的运行方式如下，"弗格森继续说道，"无论它在什么时候发现了一个数 x 属于一个集合 A_y，它都会打印 $x*y$ 这个数，也就是 $x \in A_y$ 这个句子的编号。如果这台机器打印 $x*y$，那么我就说这台机器已经证明了 $x \in A_y$ 这个句子，并且，$x \in A_y$ 这个句子是可以被这台机器证明的。"

"现在，我知道我的机器在'每一个可以被这台机器证明的句子都是真'这个意义上，总是精确无误的。"

"稍等片刻，"克雷格插嘴说道，"你说的'真'是什么意思呢？'真'和'可证明'又有什么不同呢？"

弗格森回答说："噢，这两个概念是完全不同的。如果 x 确实是集合 A_y 的一个元素，那么我称 $x \in A_y$ 为真。这完全不同于这台机器能够打印 $x*y$ 这个数。只有后者成立，我才会说 $x \in A_y$ 这个句子是可证明的，也就是可以被这台机器证明的。"

"噢，现在我懂了。"克雷格说，"换句话说，当你说你的机器精确无误，也就是每一个可证明的句子都是一个真句子的时候，你想说的是这台机器永

远不会打印一个数 $x*y$，除非 x 确实是集合 A_y 的一个元素。这样说对吗？"

"完全正确！"弗格森回答道。

克雷格说："告诉我，你怎么知道你的机器总是精确无误的呢？"

"要回答这个问题，"弗格森回答说，"我就必须告诉你这台机器的所有细节。这台机器基于某些关于正整数的公理而运行，这些公理都已经以某些指令的形式被编制为程序置入了这台机器。这些公理都是众所周知的数学真理。这台机器不能够证明任何不是这些公理的逻辑后承的陈述。既然这些公理都是真的，而且真陈述的任何逻辑后承都必定是真的，那么这台机器就不能够证明一个假的句子。如果你喜欢，我可以告诉你这些公理，然后你就可以明白这台机器只能够证明那些真的句子。"

"在你那样做之前，"麦卡洛克说，"我想问你另外一个问题。假设我愿意暂时采取你关于每一个可以被这台机器证明的句子都是真的观点。反过来的情况如何呢？每一个形为 $x \in A_y$ 的真句子都可以被这台机器证明吗？换句话说，这台机器能够证明*所有*形式为 $x \in A_y$ 的真句子，还是只能证明其中一部分真句子呢？"

"这是一个最为重要的问题。"弗格森回答道，"但是，哎，我不知道它的答案！它正是我一直不能够解决的那个基本问题！我好几个月来都在断断续续地研究它，但是没有任何进展。我确实知道这台机器能够证明每一个作为那些公理的逻辑后承的陈述 $x \in A_y$，但是我不知道我是否已经把足够多的公理编制为程序置入机器了。已经置入机器的那些公理只是代表了数学家们现在所知道的关于正整数系统的事实的总和，我们也许仍然没有足够的知识来完全确定哪一个数 x 属于哪一个可命名集合 A_y。到目前为止，对于我已经审查并且基于纯粹的数学理由判定为真的每一个句子 $x \in A_y$，我发现它们都是那些公理的逻辑后承，因而这台机器都可以证明它们。但是，我找不到一个让这台机器无法证明的真句子，并不意味着这样的句子不存在，也许只是我尚未找到它而已。或许还有一种可能，这台机器也许真的*能够*证明所有的真句子，但是我至今不能够证明这一点。我就是不知道呀！"

就这样，弗格森长话短说，告诉了克雷格和麦卡洛克这台机器使用的全部公理，以及那些使得它由老句子证明新句子的纯粹逻辑规则。一旦克雷格和麦卡洛克知道了这台机器运转的细节，他们就能够立即明白它的确是精确的——它证明的句子的确都是真的。但是，这台机器能够证明的究竟是所有的真句子还是仅仅其中的部分句子，这个问题仍然悬而未决。他们三个人在接下来的几个月里又一起见了几次面，解决这个问题的进展虽然缓慢但是也的的确确在推进，最后他们终于解决了它。

我不会用所有的细节来烦扰读者，只会陈述和这个问题的解答相关的那些细节。当这三个人找出这台机器的三个关键性质的时候，也就到了调查蒙特卡洛锁谜案的转折点。我认为，是克雷格和麦卡洛克首先发现了这三个性质，而最后的画龙点睛则是由弗格森完成的。我将马上告诉你这些性质是什么，不过这之前还需要介绍一点预备知识。

对于任意的正整数集合 A，它的补集 $\bar{A}$ 的意思是所有不在 A 中的正整数的集合。（比如，如果 A 是偶数集合，那么它的补集 $\bar{A}$ 则是奇数集合；如果 A 是所有可以被 5 整除的数的集合，那么它的补集 $\bar{A}$ 则是所有不能够被 5 整除的数的集合。）

对于任意的正整数 A，我们将用 A^* 来表示所有满足 $x*x$ 是 A 的一个元素的正整数 x 的集合。因而，对于任意的 x，说"x 在 A^* 之中"等于是说"$x*x$ 在 A 之中"。

以下就是克雷格和麦卡洛克发现的那三个关于这台机器的关键性质：

性质 1：集合 A_8 是这台机器能够打印的所有数的集合。

性质 2：对于每一个正整数 n，$A_{3 \cdot n}$ 是 A_n 的补集（我们所说的 $3 \cdot n$ 的意思是 n 的 3 倍）。

性质 3：对于每一个正整数 n，集合 $A_{3 \cdot n+1}$ 就是集合 A_n^*（所有满足 $x*x$ 属于 A_n 的数的集合）。

1

从性质1、2以及3,可以严格地推演出弗格森的机器*不能够*证明所有的 $x \in A_y$ 真句子！这里留给读者的问题是,找到一个真的但是不能够被这台机器证明的句子。也就是说,我们要找到数 n 和 m（要么相同要么相异）,使得 n 实际上是集合 A_m 的一个元素,但是句子 $n \in A_m$ 的 $n*m$ 的编号不能够被这台机器打印。

2

在问题1的解中,数 n 和 m 都小于100。还有另外一个解,其中 n 和 m 依然都小于100（再说一次,m 可能等于 n 也可能不等于 n;我现在不知道是哪一种情况）。你能够找到这个解吗？

3

对于 n 和 m 的大小没有任何限制的情况下,有多少个解呢？也就是说,有多少个不能够被弗格森的机器证明的真句子呢？

结语

弗格森没有轻易地放弃制造一台能够证明所有算数真理而不会证明任何谬误的机器的抱负,事实上他后来又制造了许许多多的逻辑机器。但是对于他制造的每一台机器来说,要么是他,要么是克雷格,要么是麦卡洛克发现了一个不能够被那台机器证明的真句子。因此,他最终放弃了制造一台既完全正确又能够证明所有真句子的纯粹机械装置。

弗格森英勇的奋斗之所以失败并不是因为他在那方面缺少巧智。我们必须知道他所生活的时代是在哥德尔、塔尔斯基（Tarski）、克莱尼（Kleene）、图灵（Turing）、波斯特（Post）、丘奇尔（Church）等逻辑学家之前好几十年。而我们马上就要求助于这些逻辑学家。要是他能活着看到这些人都产出了什么,那么他就会认识到他失败的唯一根源在于他所努力追求的东西根本就不可能实现！因此,为了向弗格森以及他的朋友克雷格和麦卡洛克致敬,我们将向前跨越30或者40年,来到1931年那关键的时间节点看一看。

解答

1. 一个解:句子$75 \in A_{75}$是真的,但是它不能够被那台机器证明。理由如下:

假设句子$75 \in A_{75}$是错的,那么75不属于集合A_{75},从而75必定属于A_{25}(根据性质2,就有A_{75}是A_{25}的补集)。既然$25 = 3 \times 8 + 1$,根据性质3,这就意味着$75*75$属于A_8,从而$75*75$可以被这台机器打印,换句话说,根据性质2,$75 \in A_{75}$可以被这台机器证明。因而,如果句子$75 \in A_{75}$是假的,那么它就可以被那台机器证明。但是我们知道那台机器是准确无误的,从来不会证明错误的句子。因而,句子$75 \in A_{75}$不可能是假的,它必定是真的。

既然$75 \in A_{75}$这个句子是真的,那么75就确实属于A_{75}这个集合。从而75不可能属于A_{25}(根据性质2),进一步$75*75$就不可能属于A_8,因为如果$75*75$属于A_8,那么根据性质3,75就会属于A_{25}。既然$75*75$不属于A_8,那么$75 \in A_{75}$这个句子就不可能被那台机器证明。因此$75 \in A_{75}$这个句子就是真的但不能被那台机器证明。

2. 在给出新的解之前,让我们先来看看下面这个普遍的事实:关键集合K是所有满足句子$x \in A_x$不能够被那台机器证明的数x的集合,或者换个说法,所有满足$x*x$不能够被那台机器打印的数x的集合。现在,A_{75}就是这个集合K,因为说x属于A_{75}等于说x不属于A_{25},进而等于说$x*x$不属于A_8,而A_8是那台机器*能够*打印的所有数的集合。所以$A_{75} = K$。而且还有$A_{73} = K$,因为说一个数x属于A_{73}等于说$x*x$不属于A_9(根据性质3,又由于$73 = 3 \times 24 + 1$),进而等于说$x*x$不属于A_8(根据性质2)。因而,A_{73}是所有满足$x*x$不能够被那台机器证明的数x的集合,或者换个说法,A_{73}是所有满足$x \in A_x$不能够被那台机器打印的数x的集合。由于A_{73}和A_{75}都等于K这个集合,因而它们就是同一个集合。另外,给定*任意*的数n满足$A_n = K$,则$n \in A_n$这个句子必定是真的但是不能够被那台机器证明——这里依据的是和特殊情形 $n=75$ 所依据的论证本质上相同的论证（在下一章我们会给出一个形式更为普遍的论证）。所以 $73 \in A_{73}$ 是另外一个其编号不能够被那台机器打印的真句子。

3. 对于任意的 n，集合 $A_{9 \cdot n}$ 必定和集合 A_n 相同，因为 $A_{9 \cdot n}$ 是 $A_{3 \cdot n}$ 的补集，而 $A_{3 \cdot n}$ 是 A_n 的补集，从而 $A_{9 \cdot n}$ 和 A_n 是同一集合。所以 A_{675} 和 A_{75} 是同一集合，因而 $675 \in A_{675}$ 是另外一个解。而且 $2175 \in A_{2175}$ 也是一个解。事实上，有无穷多个真句子是弗格森的机器所不能够证明的：对于任意的 n，如果它要么是75乘以9的某个倍数，要么是73乘以9的某个倍数，那么 $n \in A_n$ 这个句子就是真的但是不能够被那台机器证明。

◆ 第15章 ————————————————————————

可证明性和真句子

1931年的确是数理逻辑历史上一个伟大的里程碑,那是哥德尔发表著名的不完全性定理的年份。哥德尔在他那篇划时代的论文[1]的开头是这样写的:

数学朝着更精确的方向发展,导致它的大部分领域得以模式化,以至于对命题的证明都可以按照一些机械化的规则执行。迄今最为复杂的模式化系统有两个,一个是怀特海(Whitehead)和罗素(Russell)的"数学原理",另一个是公理集合论的策梅洛—弗兰克尔系统。两个系统内容都很广泛,能够把当今数学所有的证明方法都模式化。即将这些证明方法简化为数个公理及推理法则。因而可以进行合理猜测,凭借这些公理和推理法则便足以判定所有可以在相关系统中得以模式化的数学问题。下面将会证明真实情况并不是这样的,而是在上述两个系统中都存在普通正整数理论的一些相对简单的问题是不可能基于那些公理得以判定的。

---

① *Über formal unentscheidbare Sätze der Principia Mathematica und verwandter Systeme I*(论《数学原理》和相关系统当中的形式上不可判定的命题),*Monatshefte für Mathematik und Physik* 38:173-198。——作者

　　哥德尔继续解释,这个情形并不取决于我们正在讨论的这两个系统的特殊性质,而是对于一大类数学系统都成立。

　　这"一大类"数学系统到底是哪一类呢? 对此,人们已经给出了各种各样的解释,而且哥德尔定理也在某些方面得到了相应的推广。特别奇怪的是,其中一种最为直接而且对于一般的读者来说最容易理解的方式似乎是最不为人所知的方式。更为奇怪的是,这种方式正是哥德尔在他那篇原创论文的导引部分所提到的那种! 接下来我们将回顾这种方式。

　　让我们来考虑一个具有如下性质的公理系统。首先,我们为各种各样的(正整)数集合命名,并且参照上一章的弗格森的系统,把所有这些可命名集合排成一个无穷序列 $A_1, A_2, \cdots, A_n, \cdots$。如果 $A = A_n$,则将数 n 作为可命名集合 A 的 *索引*(举例来说,如果集合 A_2, A_7 和 A_{13} 碰巧是同一个集合,那么 2,7,13 就都是这个集合的索引)。如同弗格森的系统那样,我们把任意的两个数 x, y 通过句子"$x \in A_y$"关联起来,对于这个句子来说,如果 x 属于 A_y,那它就是 *真句子*,而如果 x 不属于 A_y 则被称作 *假句子*。但是,我们不再假定 $x \in A_y$ 这个句子是这个系统唯一的句子,这个系统里可能还有其他类型的句子。只不过其他句子也都被划分为真句子和假句子。

　　这个系统的每个句子都被指派一个编号,现在我们把这个编号称为该句子的 *哥德尔数*,而且我们设 $x * y$ 为句子 $x \in y$ 的哥德尔数。(我们不再需要假定 $x * y$ 是由 x 个 1 后面跟着 y 个 0 组成的字符串构成的——这个编号方法一点都不像哥德尔当时实际使用的方法。有许多不同的编号方法可以运用,而哪一种编号方法用起来更方便则取决于我们正在考虑的是哪一种系统。无论如何,就我们打算证明的那个普遍定理而言,无需对那个特别的哥德尔编号方法作任何假定。)

　　某些句子被视为这个系统的公理,并且制定某些规则以使人们可以从公理证明出各种各样的句子。因而在这个系统当中就有"一个句子是 *可证明的*"这么一个定义明确的性质。我们假定这个系统是 *可靠的*,也就是说每一个在这个系统中可证明的句子都是真的;从而,特别而言,只要一个句子

$x \in A_y$ 是在这个系统中可证明的,那么 x 实际上就是集合 A_y 的一个元素。

我们设 P 是在这个系统中所有可证明的句子的哥德尔数的集合。对于任意的数集 A 来说,我们再一次设 $\bar{A}$ 为 A 的补集(所有不在 A 中的数的集合),并且设 A^* 为所有满足 $x*x$ 属于 A 的数 x 的集合。我们现在感兴趣的是那些满足以下三个条件 G1,G2 以及 G3 的系统:

G1:集合 P 在这个系统中是可命名的。换一种说法就是,至少有一个数 p,满足 A_p 是所有可证明的句子的哥德尔数的集合(对于弗格森的系统,p 值为 8)。

G2:任意在这个系统中可命名的集合的补集在这个系统中也是可命名的。另行陈述就是,对于任意的数 x,都有某个数 (x') 满足 $A_{x'}$ 是 A_x 的补集(对于弗格森的系统来说,$3 \cdot x$ 就是这样一个数 x')。

G3:对于任意的可命名集合 A,集合 A^* 也是这个系统中可命名的。另行陈述就是,对于任意的数 x,都有某个数 x^* 满足 A_{x^*} 是所有满足 $n*n$ 属于 A_x 的数 n 的集合(对于弗格森的系统来说,$3 \cdot x + 1$ 就是这样一个数 x^*)。

刻画弗格森的机器的条件 F1,F2 以及 F3 显然只不过是 G1,G2 以及 G3 的特殊情形而已。后面的三个一般条件具有相当重要的意义,因为它们的确适用于一大类数学系统,其中包括哥德尔的论文所涉及的那两个系统。也就是说,可以把所有可命名集合排成一个无穷序列 $A_1, A_2, \cdots, A_n, \cdots$ 并且对于这些句子给出一个使得条件 G1,G2 以及 G3 都成立的哥德尔编号方法。因而,任何与系统相关的可证明的事物只要满足条件 G1,G2 以及 G3,便可以应用到许多重要的系统上。

我们现在可以陈述和证明哥德尔定理的下列抽象形式。

定理 G:给定任意满足条件 G1,G2 以及 G3 的可靠系统,必定有一个句子是真的,但是在这个系统中不可证明。

定理 G 的证明是对于弗格森系统的那个证明的一个直接推广。我们设 k 是所有满足 $x*x$ 不在集合 P 中的数 x 的集合。既然 P 是可命名的(根据 G1),那么它的补集 $\bar{P}$ 也是可命名的,从而集合 $\bar{P}^*$ 也是可命名的(根据 G3),

然而 $\bar{P}^*$ 相当于集合 k（因为 $\bar{P}^*$ 是所有满足 $x*x$ 在 $\bar{P}$ 当中的数 x 的集合，或者换一种说法就是，所有满足 $x*x$ 不在 P 当中的 x 的集合）。所以集合 k 在这个系统中是可命名的，也就意味着至少有一个数 k 使得 $k = A_k$（对于弗格森的系统来说，73 就是这样的一个数 k，75 也是）。对于任意的数 x 来说，说句子 $x \in A_x$ 是真的就等于断定 $x*x$ 不在 P 当中，也就等于说句子 $x \in A_x$（在这个系统中）不可证明。特别地，如果我们取 x 为 k，句子 $k \in A_k$ 为真就等于断定它在这个系统中是不可证明的，也就意味着要么它是真的但是在这个系统中不可证明，要么是假的但是在这个系统中可证明。既然我们已知这个系统是可靠的，后一种可能就被排除了，从而前者必定成立，也就是说那个句子是真的但是在这个系统中不可证明。

讨论：在《这本书的名字叫什么？》中，我考虑过一个类似的情形。那是在一个岛上，每一个居民要么是永远讲真话的*骑士*要么是永远在撒谎的*恶棍*。某些骑士被称为*既定骑士*，而某些恶棍被称为*既定恶棍*（骑士对应着*真句子*，而既定骑士则对应着不仅真而且*可证明*的句子）。现在，这个岛屿的任何居民都不可能说"我不是一个骑士"，因为一个骑士从来不会撒谎声称自己不是一个骑士，而一个恶棍从来不会如实地承认自己不是一个骑士。因而，这个岛屿的所有居民都不会声称自己不是一个骑士。然而，居民却*有可能*说"我不是一个既定骑士"。如果他那样说了，不会有矛盾出现，但是我们会由此推断出某件有趣的事情，那就是，说话人必定*实际上*是一个骑士但不是一个既定骑士。因为一个恶棍从来不会如实地断言自己不是一个既定骑士（因为他真的不是一个既定骑士），所以说话的人必定是一个骑士。既然他是一个骑士，那他的陈述必定是真的，所以正如他所说，他是一个骑士而不是一个既定骑士——正如断定自己在那个系统中的不可证明性的句子 $k \in A_k$ 必定是真的但是在那个系统中不可证明那样。

哥德尔句和塔尔斯基定理

让我们现在来看一个至少满足G2和G3这两个条件的系统(条件G1暂时不考虑)。我们已经定义P是这个系统的可证明句子的哥德尔数的集合。让我们现在来定义T为这个系统的所有真句子的哥德尔数的集合。在1933年,逻辑学家塔尔斯基提出并且回答了下面这个问题:集合T在这个系统中是可命名的还是不可命名的? 这个问题可以纯粹基于条件G2和G3得到回答。我将很快给出这个答案,但首先让我们来看一个对于那些至少满足条件G3的系统来说更加基本的问题。

给定任意的句子X和任意的正整数集合A,如果要么X是真的并且它的哥德尔数位于A之中,要么X是假的并且它的哥德尔数位于A之外,那么我们将称呼X是A的一个*哥德尔句*。(哥德尔句可以被视为确保它自己的哥德尔数位于A之中。如果这个句子是真的,那么它的哥德尔数真的就在A里面;如果这个句子是假的,那么它的哥德尔数就不在A里面。)现在,如果在一个系统中,每一个可命名的集合A都至少有一个A的哥德尔句,那么我们就称这个系统是*哥德尔型的*。

下面给出的是一个基本事实:

定理C:如果一个系统满足条件G3,那么它是哥德尔型的。

1

证明定理C。

2

取一个特殊情形,例如在弗格森的系统中,请找出集合A_{100}的一个哥德尔句。

3

假设一个系统是哥德尔型的(但不必满足条件G3)。如果这个系统是可靠的并且满足条件G1和G2,那么它必定包含一个真的但是在这个系统中不可证明的句子吗?

4

令 T 为所有真句子的哥德尔数的集合。T 有一个哥德尔句吗？$\bar{T}$，也就是 T 的补集，有一个哥德尔句吗？

现在我们正好可以回答塔尔斯基的那个问题。以下就是塔尔斯基定理的一个抽象版本：

定理 T：给定任意满足条件 G2 和 G3 的系统，所有真句子的哥德尔数的集合 T 在这个系统中是不可命名的。

注解："*可定义的*"这个词有时候被用来代替"*可命名的*"，而定理 T 有时候就表述为：对于足够丰富的系统，这个系统中的真在这个系统中是不可定义的。

5

证明定理 T。

6

值得注意的是，一旦定理 T 被证明，我们就可以立即获得作为它的一个推论的定理 G。作为读者的你能够明白其中的道理吗？

哥德尔论证的一个对偶形式

已经被哥德尔的论证方法证明为不完全的系统还有很多种，它们都有一个性质：每一个句子 X 都有一个对应的否定句 X'，当且仅当 X 为假时，X' 为真。如果一个句子 X 的否定句 X' 在这个系统中是可证明的，那么句子 X 在这个系统中便是*可证伪的*或者*可反驳的*。假定这个系统是可靠的，那么没有一个假句子在这个系统当中是可证明的，并且没有一个真句子是在这个系统中可反驳的。

我们已经看到条件 G1，G2，G3 意味着存在一个哥德尔句对应集合 $\bar{P}$，并且这样一个句子 G 是真的但是在这个系统当中不可证明（假定这个系统是可靠的)。既然 G 是真的,那么它在这个系统中就不是可反驳的(假定这个系统是可靠的)。所以 G 这个句子在这个系统当中既不是可证明的也不是可反驳的(这样的句子被称作在这个系统中不可判定)。

在 1960 年出版的《形式系统理论》中,我考虑了哥德尔论证的一个"对偶"形式:不考虑一个断定自己不可证明性的句子,而考虑一个断定自己的可反驳性的句子,那么如何构造这样一个句子呢? 更准确地说,令 R 为可反驳的句子的哥德尔数的集合,再假设 X 是 R 的一个哥德尔句,那么 X 的状态如何? 这个想法将在下一个问题进行探讨。

<h2 style="text-align:center">7</h2>

让我们现在来考虑满足条件 G3 的一个可靠的系统,但是我们以下面这个条件取代先前的条件 G1 和 G2。

$G1'$:集合 R 在这个系统中是可命名的(我们假定这个系统是可靠的并且满足条件 $G1'$ 和 G3)。

(a) 证明在这个系统中有一个句子既不是可证明的也不是可反驳的。

(b) 取一个特殊情形,假设我们已知 A_{10} 是集合 R 而且对于任意的数 n,$A_{5 \cdot n}$ 是所有满足 $x*x$ 在 A_n 之中的 x 的集合(这是 G3 的一个特殊情形)。现在的问题实际上是要在这个系统中找到一个既不可证明也不可反驳的句子,并且判定这个句子是真还是假。

注释:

(1) 哥德尔获得一个不可判定的句子的方法归结为构造 $\bar{P}$(即 P 的补集)的一个哥德尔句。这样一个句子(它可以被看作是在断定它自己的不可证明性)必定是真的但是在这个系统中不可证明。而那个"对偶"方法则归结为构造集合 R(取代集合 $\bar{P}$)的一个哥德尔句。这样一个句子(它可以被看作是在断定自己的可反驳性)必定是假的但不可反驳(既然它是假的,那它就是不可证明的,从而在这个系统中不可判定)。我应该说,哥德尔的原始论文处理的那些系统满足 G1,G2,G3 以及 $G1'$ 这四个条件,所以这两种方法都可以用来构造不可判定的句子。

（2）一个断定自己不可证明的句子像是在骑士-恶棍岛上断言自己不是一个既定骑士的居民，与此相同的是，一个断定自己可反驳句子就像在那个岛上断言自己是一个既定恶棍的居民一样：这样一个居民的确是一个恶棍，但不是一个既定恶棍（我把对于这一点的证明留给读者）。

解答

1. 假设这个系统确实满足条件 G3。令 S 为这个系统中可命名的任意集合。那么根据 G3，集合 S^* 在这个系统中可命名。所以有某个数 b 满足 $A_b = S^*$。现在，假如 $x*x$ 属于 S，则数 x 属于 S^*。所以，假如 $x*x$ 属于 S，则数 x 属于 A_b。特别地，取 x 为 b 就有：假如 $b*b$ 属于 S，则数 b 属于 A_b。并且，当且仅当 $b \in A_b$ 这个句子为真时，b 属于 A_b。因此，当且仅当 $b*b$ 属于 S 时，$b \in A_b$ 为真。此外，$b*b$ 是 $b \in A_b$ 这个句子的哥德尔数。于是我们就可以看出，当且仅当 $b \in A_b$ 的哥德尔数属于 S 时，该句子为真。所以，如果 $b \in A_b$ 是真的，那么它的哥德尔数就属于 S；如果 $b \in A_b$ 是假的，那么它的哥德尔数就不属于 S。因而，$b \in A_b$ 这个句子就是 S 的一个哥德尔句。

2. 在弗格森的系统中，给定任意数 n，$A_{3 \cdot n+1}$ 就是集合 A_n^*。因此 A_{301} 就是集合 A_{100}^*。我们利用上一个问题的结果，取 b 为 301。因而，$301 \in A_{301}$ 就是集合 A_{100} 的一个哥德尔句。更为普遍的是，对于任意数 n 如果我们令 $b = 3 \cdot n + 1$，$b \in A_b$ 这个句子就是 A_n 在弗格森系统当中的一个哥德尔句。

3. 是的，必定有这样一个句子。假设这个系统是哥德尔型的并且条件 G1 和 G2 都成立，还假设这个系统是可靠的。根据 G1，集合 P 是可命名的，从而根据 G2，P 的补集 $\bar{P}$ 也是可命名的。然后，由于这个系统是哥德尔型的，那么 $\bar{P}$ 中就有一个哥德尔句 X。这就意味着当且仅当 X 的哥德尔数在 $\bar{P}$ 中时，x 为真。但是说 X 的哥德尔数在 $\bar{P}$ 中等于是说它不在 P 中，也就等于说 X 是不可证明的。因而，$\bar{P}$ 的一个哥德尔句恰好就是一个当且仅当其在这个系统中不可证明的情况下为真的句子，并且正如我们已经看到的那样，这样一个句子必定是真的但在这个系统中是不可证明的(假定这个系统是可靠的)。

诚然,哥德尔的论证的实质在于构造集合 $\bar{P}$ 的一个哥德尔句。

4. 显而易见的是,每一个句子 X 都是 T 的一个哥德尔句,因为如果 X 是真的,那么它的哥德尔数就在 T 之中,而如果 X 是假的,那么它的哥德尔数就不在 T 之中。因而,没有一个句子能够成为 $\bar{T}$ 的哥德尔句,因为既不可能 X 为真而它的哥德尔数在 $\bar{T}$ 之中,也不可能 X 为假而它的哥德尔数不在 $\bar{T}$ 之中。

仔细观察,对于任意的数集 A 以及对于任意的句子 X,X 要么是 A 的哥德尔句要么是 $\bar{A}$ 的哥德尔句,但绝不可能既是 A 的哥德尔句又是 $\bar{A}$ 的哥德尔句,读者应该会从中得到一些启发。

5. 让我们首先考虑任意一个满足条件 G3 的系统。根据问题 1,任意一个在这个系统中可命名的集合都有一个哥德尔句。另外,根据上一个问题,$\bar{T}$ 没有一个哥德尔句。因而,如果这个系统满足 G3,那么 $\bar{T}$ 在这个系统中就不可命名。如果这个系统也满足条件 G2,那么 T 在这个系统中也不可命名——因为如果它是可命名的,那么根据 G2,它的补集 $\bar{T}$ 就是可命名的,然而这是不可能的。这就证明了在一个满足 G2 和 G3 的系统之中,集合 T 是不可命名的。

总体而言:(a)如果 G3 成立,那么 $\bar{T}$ 是不可命名的;(b)如果 G2 和 G3 都成立,那么 T 和 $\bar{T}$ 在这个系统中都不可命名。

6. 如果我们已经证明了定理 T,我们就可以像下面这样获得定理 G:

假设我们有一个满足 G1,G2,G3 的可靠系统。由 G2 和 G3,并且使用定理 T,我们就可以看到 T 在这个系统中不可命名。但是根据 G1,P 是在这个系统中可命名的。由于 P 是可命名的而 T 不是,那么 P 和 T 必定是不同的集合。然而由于我们已知这个系统在每一个可证明的句子都为真的意义上是可靠的,那么 P 之中的每一个数也在 T 之中。因此,由于 T 不同于 P,所以在 T 之中必定有至少一个数 n 不在 P 之中。由于 n 在 T 之中,那它必定就是一

个真句子 X 的哥德尔数。但是由于 n 不在 P 之中,那么 X 在这个系统中就不是可证明的。所以,X 是真的但在这个系统中不可证明。所以定理 G 成立。

7. 我们已知条件 G1′和 G3。

(a) 根据 G1′,集合 R 是在这个系统中可命名的。于是根据条件 G3,集合 R^* 也是在这个系统中可命名的。从而,有某个数 h 使得 $A_h = R^*$。现在,根据 R^* 的定义,当且仅当 $x*x$ 在 R 之中时,x 在 R^* 之中。因而,对于任意的 x 来说,当且仅当 $x*x$ 属于 R 时,x 属于 A_h。特别而言,如果我们取 x 为 h,那么当且仅当 $h*h$ 属于 R 时,h 属于 A_h。现在,当且仅当 $h{\in}A_h$ 这个句子为真时,h 属于 A_h。另外,由于 $h*h$ 是句子 $h{\in}A_h$ 的哥德尔数,所以当且仅当句子 $h{\in}A_h$ 是可反驳的时,$h*h$ 属于 R。因此,当且仅当 $h{\in}A_h$ 是可反驳的时,句子 $h{\in}A_h$ 为真。这就意味着这个句子要么是真的且可反驳,要么是假的但不可反驳。既然我们已知这台机器是可靠的,这个句子就不可能既是真的又是可反驳的,从而它必定是假的但不是可反驳的。由于这个句子为假,它也就不可能是可证明的(再一次因为这个系统是可靠的)。因此,$h{\in}A_h$ 这个句子既不是可证明的也不是可反驳的(此外它还是假的)。

(b) 我们现在已知 A_{10} 就是 R,以及对于任意的 n,$A_{5{\cdot}n}$ 就是集合 A_n^*。因此,A_{50} 就是集合 R^*。并且根据解答(a),在取 h 为 50 的情况下,句子 $50{\in}A_{50}$ 既不是可证明的也不是可反驳的。此外,这个句子还是假的。

会自我判断的机器

我们现在将从一个略微不同的角度来考虑哥德尔的论证,使其中心思想更为明确。

我们将取 $P, N, A, -$ 这四个符号并且考虑这些符号的所有可能组合。我们所说的表达式的意思是这些符号的任意组合。比如,"$P--NA-P$"就是一个表达式,"$-PN--A-P-$"也是。某些表达式被赋予某种意义后,这种表达式就被称为句子。

假设我们有一台只能够打印某些表达式的机器。如果一个表达式可以被这台机器打印,我们就称之为可打印表达式。我们还假定这台机器能够打印的所有表达式或早或晚都会被打印出来。给定任意的表达式 X,如果我们希望表达"X 是可打印的"这个命题,我们就写下"$P-X$"。所以举例来说,$P-ANN$ 说的是 ANN 是可打印的(这只是一种表述而已,可能是真的也可能是假的)。如果我们想说 X 是不可打印的,我们就写"$NP-X$"(符号 N 就是"不"这个词的简写,正如符号 P 代表"可打印的"这个词一样。因此 $NP-X$ 的意思是"不可打印的 X"或者"X 是不可打印的")。

我们所说的一个表达式的伙伴指的是另外一个表达式 $X-X$。我们使用符号 A 代表"……的伙伴",那么对于任意给定的 X,如果我们想说 X 的伙伴是可打印的,我们就会写下"$PA-X$"(读作"可打印的 X 的伙伴"或者"X 的伙伴是可打印的")。如果我们希望说 X 的伙伴不可打印,那我们就写下 "$NPA - X$"(读作"不可打印的 X 的伙伴"或者"X 的伙伴不可打印")。

现在,读者也许奇怪为什么我们使用横线作为其中的一个符号:为什么用 $P - X$ 而不直接使用 PX 来表达"X 是可打印的"这个命题呢?原因在于,不用横线就会产生歧义。比如说,PAN 会是什么意思呢?它的意思究竟是 N 的伙伴是可打印的呢,还是表达式 AN 是可打印的呢?用了横线,这样的歧义就不会出现了。如果我们想要说"N 的伙伴是可打印的",我们就写下 "$PA - N$",而如果我们想要说"AN 是可打印的",我们就写下"$P - AN$"。再举一例,假设我们想要说"$- X$ 是可打印的",那么我们会写下"$P - X$"吗?不会,那样陈述的是"X 是可打印的"。为了说"$- X$ 是可打印的",我们必须写下"$P - - X$"。

也许多举一些例子会更有帮助:$P - -$ 说的是"$-$ 是可打印的",$PA - -$ 说的是"$- - -$($-$ 的伙伴)是可打印的",$P - - - -$ 说的是"$- - -$ 是可打印的",而 $NPA - - P - A$ 说的是"$- P - A$ 的伙伴是不可打印的"。换句话说,$- P - A - - P - A$ 是不可打印的,而 $NP - - P - A - - P - A$ 说的是同一回事。

某个句子具有下列四种形式之一:$P - X$,$NP - X$,$PA - X$ 以及 $NPA - X$,其中 X 是任意的表达式。如果 X 是可打印的,我们就称 $P - X$ 是*真的*,而如果 X 不是可打印的,我们就称 $P - X$ 是*假的*。如果 X 的伙伴是可打印的,我们就称 $PA - X$ 是真的,而如果 X 的伙伴不是可打印的,我们就称 $PA - X$ 是假的。最后,如果 X 的伙伴是不可打印的,我们就称 $NPA - X$ 是真的,而如果 X 的伙伴是可打印的,我们就称 $NPA - X$ 是假的。我们现在已经对所有四种类型的句子的真和假进行了明确定义,那么由此可以推断出,对于任意的表达式 X,以下四个定律成立。

定律1:当且仅当 X 可(被这台机器)打印时,$P - X$ 为真。

定律2:当且仅当 $X - X$ 可打印时,$PA - X$ 为真。

定律3:当且仅当 X 不可打印时,$NP - X$ 为真。

定律4:当且仅当 $X-X$ 不可打印时,$NPA-X$ 为真。

我们这里有一个奇怪的循环!这台机器正在打印出那些断定这台机器能够打印什么以及不能够打印什么的句子!在这种意义上,这台机器正在谈论它自己,或者更为精确地说就是,打印出关于它自己的句子。

我们现在已知这台机器是百分之百精确的,也就是说,它从来不会打印出任何一个假句子,它只能打印出真句子。这个事实就有几个衍生事实:举例来说,如果它曾经打印出来 $P-X$,那么它必定也会打印出 X,因为它打印出 $P-X$ 也就意味着 $P-X$ 必定是真的,也就意味着 X 是可打印的,从而这台机器迟早都会打印出 X 来。

同样可以推断出,如果这台机器能够打印出 $PA-X$,那么由于 $PA-X$ 必定是真的,这台机器就必定也会打印出 $X-X$。还有,如果这台机器打印出 $NP-X$,那么由于 $NP-X$ 和 $P-X$ 这两个句子不可能都真(前者说的是这台机器不可能打印出 X,而后者说的是这台机器会打印出 X),所以它不可能打印出 $P-X$。

以下问题如一切我能想象的问题一样,清晰地展示了哥德尔的思想。

1. 一个单重哥德尔型挑战

找到一个真句子,它不能用这台机器打印出来。

2. 一个双重哥德尔型谜题

我们继续假定相同的条件,尤其要继续假定这台机器是精确的这一个条件。

有一个句子 X 和一个句子 Y 满足:X 和 Y 当中有一个句子必定是真的但不可打印,然而根据那些体现在定律1到定律4的给定条件,我们无法判断它是其中哪一个句子。你能够找到这样的一对 X 和 Y 吗?(提示:找到两个句子 X 和 Y,其中 X 说 Y 是可打印的而 Y 说 X 是不可打印的。有两种不同的方法可以完成这个任务,它们都和弗格森的两个定律有关!)

3. 一个三重哥德尔型问题

构造三个句子 X,Y 以及 Z,使得它们满足:X 说 Y 是可打印的,Y 说 Z 是不可打印的,而 Z 说 X 是可打印的。并且证明这三个句子当中至少有一个(尽管不能确定究竟是哪一个)必定是真的但不可被这台机器打印。

两台既谈论自己又谈论彼此的机器

我们现在增加一个 R 作为第五个符号,因此我们拥有 $P, R, N, A, -$ 这五个符号。现在给定两台机器 $M1$ 和 $M2$,它们都可以打印出由这五个符号构成的各种各样的表达式。现在把 P 定义成"可以被第一台机器打印",而把 R 定义成"可被第二台机器打印"。因此,$P-X$ 现在的意思就是 X 是可以被第一台机器打印的,而 $R-X$ 的意思就是 X 是可以被第二台机器打印的。还有,$PA-X$ 的意思是 X 的伙伴是可以被第一台机器打印的,$RA-X$ 的意思是 X 的伙伴是可以被第二台机器打印的。还有,$NP-X$,$NR-X$,$NPA-X$,$NRA-X$ 分别意味着:X 不可以被第一台机器打印,X 不可以被第二台机器打印,$X-X$ 不可以被第一台机器打印,$X-X$ 不可以被第二台机器打印。一个"句子"现在指的是下面八种类型之一的某个表达式:$P-X$,$R-X$,$NP-X$,$NR-X$,$PA-X$,$RA-X$,$NPA-X$ 以及 $NRA-X$。我们已经知道第一台机器只打印真句子,而第二台机器只打印假句子。当且仅当某个句子可以被第一台机器打印时,我们称它是可证明的;当且仅当某个句子可以被第二台机器打印时,我们称它是可反驳的。因此,P 可以读作"可证明的"而 R 读作"可反驳的"。

4

找到一个句子,它是假的但不可反驳。

5

有两个句子 X 和 Y 满足:其中一个(我们不知道是哪一个)必定要么是真的但不可证明,要么是假的但不可反驳,但是我们不知道究竟是哪一种情况。有两种方法可以用来寻找这两个句子,相应地我提出下面两个问题:

(a) 找到两个句子 X 和 Y,使得 X 说 Y 是可证明的而 Y 说 X 是可反驳的。

然后证明这两个句子当中有一个(我们无法判断是哪一个)要么是真的但不可证明,要么是假的但不可反驳。

(b)找到两个句子 X 和 Y,使得 X 说 Y 不可证明而 Y 说 X 不可反驳。然后证明对于这样的 X 和 Y,其中有一个(我们无法判断是哪一个)要么是真的但不可证明,要么是假的但不可反驳。

6

现在让我们来试着解决一个四重谜题!找到四个句子 X, Y, Z 以及 W,使得 X 说 Y 是可证明的,Y 说 Z 是可反驳的,Z 说 W 是可反驳的,W 说 X 是不可反驳的。证明这四个句子当中有一个必定要么是真的但不可证明,要么是假的但不可反驳(但是没有办法判断上述句子是这四个句子当中的哪一个)。

麦卡洛克的机器和哥德尔定理

读者也许已经注意到了,前面的这些问题和麦卡洛克的第一台机器之间有某些相似之处。诚然,这台机器可以按照下面的方式和哥德尔定理关联起来。

7

假设我们有一个数学系统,它有某些被称为真的句子,以及某些被称为可证明的句子。我们假定这个系统是可靠的,也就是每一个可证明的句子都是真的。对于每一个数 N 都指派一个我们称其为句子 N 的句子。假设这个系统满足下面两个条件:

MC1:对于任意的数 X 和 Y,如果 X 在麦卡洛克的第一台机器中能生成 Y,那么当且仅当句子 Y 可证明时,句子 $8X$ 为真(请注意,$8X$ 意味着 8 后面跟着 X,而不是 8 倍 X)。

MC2:对于任意的数 X,当且仅当句子 X 不为真时,句子 $9X$ 为真。

找到一个数 N，使得句子 N 是真的但是在这个系统中不可证明。

8

假设在上一个问题的 MC1 条件中，我们把"麦卡洛克的第一台机器"替换为"麦卡洛克的第三台机器"。现在找到一个 N，使得句子 N 是真的但不可证明！

9. 是悖论吗？

让我们再次回到问题 1，不过现在有了如下变化。我们不再使用" P "这个符号，而使用" B "（这是因为有一些即将提到的心理学方面的理由）。除了用" B "代替" P "之外，我们对于句子的定义和前面一样。因此，我们的句子现在就是 $B - X$，$NB - X$，$BA-X$，以及 $NBA - X$。一如前面，句子被划分成两组，真句子的一组和假句子的一组，只不过我们没有被告知哪些句子是真的、哪些句子是假的。现在，我们拥有的不再是一台打印出各种各样的句子的机器，而是一个身处其中的逻辑学家，他相信某些句子而不相信另外的句子。当我们说这个逻辑学家不相信一个句子的时候，我们并不是说他否认它，而只是想说他并不相信它，换句话说，他要么相信它是假的要么对于它是真是假没有任何判断。现在符号" B "代表"被这个逻辑学家相信"，并且我们还已知对于任意的表达式 X，下面的四个条件都成立：

B1：当且仅当这个逻辑学家相信 X 时，$B - X$ 为真。

B2：当且仅当这个逻辑学家并不相信 X 时，$NB - X$ 为真。

B3：当且仅当这个逻辑学家相信 $X - X$ 时，$BA - X$ 为真。

B4：当且仅当这个逻辑学家并不相信 $X - X$ 时，$NBA - X$ 为真。

假定这个逻辑学家是正确的，即他不相信任何错误的句子，那么我们自然能够找到一个句子，它是真的但是这个逻辑学家并不知道它是真的：$NBA - NBA$（指这个逻辑学家并不相信 NBA 的伙伴，也就是 $NBA - NBA$）就是这样的一个句子。

现在有趣的事情来了。假设我们已知关于这个逻辑学家的下列事实：

事实 1：这个逻辑学家对于逻辑的掌握至少和你或者我一样好。事实上我们假定他是一个完美的逻辑学家：任意给定一些前提，他就能够推导出所有的逻辑结论。

事实2：这个逻辑学家知道条件B1，B2，B3以及B4全部成立。

事实3：这个逻辑学家总是正确的，他不相信任何假句子。

现在，既然这个逻辑学家知道条件B1，B2，B3以及B4全部成立，而且他也能够像你或者我一样正确地推理，那么是什么阻碍他证明 $NBA - NBA$ 这个句子必定是真的呢？看起来他似乎能够做到这一点，并相信 $NBA - NBA$ 这个句子。但是由于这个句子说的是他不相信它，所以当他相信它的那一刻，这个句子便会被证伪，而这就会使得这个逻辑学家最终在判断上犯错！

所以，如果假定事实1、2以及3成立，那么我们难道不会得到一个悖论吗？答案是不会，因为在我在上一段的论证当中故意设置了一个漏洞！你能够找到这个漏洞吗？

解答

1. 对于任意的表达式 X，句子 $NPA - X$ 说的是 X 的伙伴不可打印。特别地，$NPA - NPA$ 说的是 NPA 的伙伴不可打印。但是 NPA 的伙伴恰恰就是 $NPA - NPA$ 这个句子！因而，$NPA - NPA$ 断定了它自己不可打印，换句话说，这个句子是真的当且仅当它不可打印。这就意味着要么它是真的而且不可打印，要么它不是真的却可打印。由于这台机器是精确无误的，后面这种情况就不可能成立。因而，实际情况必定是前面一种情况，也就是这个句子是真的但不可被这台机器打印。

2. 令 X 为句子 $P - NPA - P - NPA$ 并且 Y 为句子 $NPA - P - NPA$。X 这个句子（也就是 $P - Y$）说的是 Y 是可打印的。句子 Y（粗略的读法是"不可打印的 $P - NPA$ 的伙伴"）说的是 $P - NPA$ 的伙伴是不可打印的（此外，还有另外一种方法可以用来构造这样的一对 X 和 Y：取 X 为 $PA - NP - PA$，而 Y 为 $NP - PA - NP - PA$）。

因此有两个句子X和Y,其中X说Y是可打印的,而Y说X不可打印。

现在,假设X是可打印的。那么X就是真的,也就意味着Y是可打印的。于是Y也就是真的,也就意味着X是不可打印的。这就会得出一个矛盾,因为X在这个情况下既是可打印的又是不可打印的。从而X不可能是可打印的。既然X不可打印而Y说的是X不可打印,那么Y必定是真的。因此,我们就知道:

(1)X是不可打印的;

(2)Y是真的。

现在,X要么是真的要么不是真的。如果X是真的,那么根据(1),X是真的但不可打印。如果X是假的,那么Y不可打印,由于X说的是Y是可打印的;所以在这个情况之下,Y是真的,而且根据(2),Y是不可打印的。所以要么X是真的而且不可打印,要么Y是真的而且不可打印,但是无法判断究竟哪一个是事实。

讨论:上面的情形和下面的骑士－恶棍岛情形类似:在骑士－恶棍岛上有两个居民X和Y,其中X断言Y是一个既定骑士而Y断言X不是一个既定骑士。由此能够推断出来的就是,他们当中至少有一个非既定的骑士,但是无法判断他是哪一个。

我在《这本书的名字叫什么?》的最后一章《双重哥德尔型的岛屿》中讨论了这个情形。

3. 令$Z = PA - P - NP - PA$。

令$Y = NP - Z$(也就是$NP - PA - P - NP - PA$)。

令$X = P - Y$(也就是$P - NP - PA - P - NP - PA$)。

于是就有,X说Y是可打印的,而Y说Z不可打印。至于Z,Z说的是$P - NP - PA$的伙伴是可打印的,但是$P - NP - PA$的伙伴是$P - NP - PA - P - NP - PA$,也就是$X$! 所以$Z$说的是$X$是可打印的。

所以X说Y是可打印的,Y说Z不可打印,而Z说X是可打印的。现在让我们看看由此可以推出什么:

假设 Z 是可打印的。那么 Z 是真的，也就意味着 X 是可打印的，从而 X 也是真的，也就意味着 Y 是可打印的，从而 Y 也是真的，也就意味着 Z 是不可打印的。所以如果 Z 是可打印的，那么它就是不可打印的，这是矛盾所在。因此，Z 是不可打印的，因而 Y 是真的。所以我们知道：

（1）Z 是不可打印的；

（2）Y 是真的。

现在，X 要么是真的要么是假的。假设 X 是真的。如果 Z 是假的，那么 X 是不可打印的，也就意味着 X 是真的但不是可打印的。如果 Z 是真的，那么由于根据（1）它不可打印，就有 Z 是真的但不可打印。所以如果 X 是真的，那么要么 X 要么 Z 是真的但不可打印。如果 X 是假的，那么 Y 是不可打印的，从而 Y 是真的，而根据（2），Y 是不可打印的。

总而言之，如果 X 是真的，那么 X 和 Z 这两个句子中至少有一个是真的但不可打印。如果 X 是假的，那么 Y 就是真的但不可打印。

4. 令 S 为 $RA-RA$ 这个句子。它说的是 RA 的伙伴，也就是 S 本身，是可反驳的，从而当且仅当 S 是可反驳的时，S 是真的。既然 S 不可能既是真的又是可反驳的，因此它就是假的但不可反驳。

5.（a）取 X 为 $P-RA-P-RA$，Y 为 $RA-P-RA$。显而易见，X 说 Y 是可证明的，而 Y 说 $P-RA$ 的伙伴（它恰巧就是 X）是可反驳的。所以 X 说 Y 是可证明的而 Y 说 X 是可反驳的（如果我们取 X 为 $PA-R-PA$ 而 Y 为 $R-PA-R-PA$，我们就会得到另一个解）。

现在，如果 Y 是可证明的，那么 Y 是真的，也就意味着 X 是可反驳的，从而 X 是假的，也就意味着 Y 是不可证明的。因此我们就会从假定 Y 是可证明的得到一个矛盾。既然 Y 是不可证明的，那么 X 是假的。所以我们知道：

（1）X 是假的；

（2）Y 是不可反驳的。

如果 Y 是真的，那么 Y 是真的而不可证明。如果 Y 是假的，那么 X 是不可反驳的（因为 Y 说 X 是可反驳的），所以在这个情形当中，X 是假的但不可反驳。因而,要么 Y 是真的而不可证明,要么 X 是假的而不可反驳。

(b)取 X 为 $NP-NRA-NP-NRA$,而 Y 为 $NRA-NP-NRA$(或者取 X 为 $NPA-NR-NPA$,而 Y 为 $NR-NPA-NR-NPA$),那么正如读者能够自己验证的那样,X 说 Y 不可证明而 Y 说 X 不可反驳。如果 X 是可反驳的,那么 X 是假的,Y 也就是可证明的,Y 也就是真的,X 也就不可反驳。从而 X 是不可反驳的,所以 Y 也是真的。如果 X 是假的,那么 X 是假的而不可反驳。如果 X 是真的,那么 Y 是不可证明的,从而在这个情况之下,Y 就是真的而不可证明。

讨论:类似地,假设我们有骑士 – 恶棍岛上的两个居民 X 和 Y,其中 X 断言 Y 是一个既定骑士而 Y 断言 X 是一个既定恶棍。那就能够推断出来,这两个人当中的一个(我们不知道究竟是哪一个)必定要么是一个非既定的骑士,要么是一个非既定的恶棍。在 X 断言 Y 不是一个既定骑士而 Y 断言 X 不是一个既定恶棍的情况下,也有相同的情况成立。

6.令 $W=NPA-P-R-R-NPA$;

$Z=R-W$(也就是 $R-NPA-P-R-R-NPA$);

$Y=R-Z$(也就是 $R-R-NPA-P-R-R-NPA$);

$X=P-Y$(也就是 $P-R-R-NPA-P-R-R-NPA$)。

X 说 Y 是可证明的,Y 说 Z 是可反驳的,Z 说 W 是可反驳的,而 W 说 X 不可证明($P-R-R-NPA$ 的伙伴就是 X,所以 NPX 就是 X 不可证明)。

如果 W 是可反驳的,那么 W 就是假的,从而 X 是可证明的,从而 X 是真的,从而 Y 是可证明的,从而 Y 是真的,从而 Z 是可反驳的,从而 Z 是假的,从而 W 是不可反驳的。因此,W 不可能是可反驳的。所以 W 是不可反驳的,因此 Z 就是假的。

现在,如果 W 是假的,那么 W 是假的但不可反驳。假设 W 是真的,那么 X 是不可证明的。如果 X 是真的,X 就是真的而不可证明。假设 X 是假的,那么 Y 是不可证明的。如果 Y 是真的,那么 Y 是真的但不可证明。假设 Y 是假的,那么 Z 是不可反驳的,所以在这个情况下,Z 是假的但不可反驳。

这就证明了要么 W 是假的而不可反驳,要么 X 是真的而不可证明,要么 Y 是真的而不可证明,要么 Z 是假的而不可反驳。

7. 这个情形只不过是本章中的问题 1 在标记方式上的一个变体而已!

我们知道(在麦卡洛克的第一台机器中)32983 生成 9832983,从而根据 MC1,当且仅当句子 9832983 可证明时,832983 为真。另外,根据 MC2,当且仅当句子 832983 不是真的时,9832983 为真。所以结合上面两个事实,我们就可以看到,句子 9832983 是真的,当且仅当 9832983 不可证明时,该句子为真。所以答案就是 9832983。

如果我们把这个问题和问题 1 进行比较,我们就很容易看到,9 扮演了 N 的角色,8 扮演了 P 的角色,3 扮演了 A 的角色,而 2 则扮演了横线的角色。事实上,如果我们把 $P, N, A, -$ 分别替换成 8, 9, 3, 2,那么 $NPA - NPA$ 这个句子(也就是问题 1 的解)就变成了 9832983 这个数,此题得解!

8. 首先,麦卡洛克的第三台机器也遵守麦卡洛克定律,也就是对于任意的数 A,必定有某个 X 生成 AX。证明如下:我们从第 13 章知道有一个数 H,也就是 5464,使得对于任意的数 X,$H2X2$ 生成 $X2X2$(于是 $H2H2$ 生成它自己,只不过这一点和现在的问题没有关系)。现在,取任意的数 A。令 $X = H2AH2$。那么 X 生成 $AH2AH2$,也就是 AX。因而,X 生成 AX。所以对于任意的数 A,一个能生成 AX 的数 X 就是 $54642A54642$。

我们需要一个能生成 $98X$ 的 X。假设 X 的确能生成 $98X$。那么当且仅当句子 $98X$ 是可证明的时,句子 $8X$ 为真(根据 MC1),从而当且仅当句子 $98X$ 不可证明时,句子 $98X$ 为真(根据 MC2)。因此句子 $98X$ 是真的但在这个系统中不可证明(因为这个系统是可靠的)。

现在,根据上文,在取 A 为 98 的情况下,我们就可以看到,一个能生成 $98X$ 的 X 是 546429854642。从而句子 98546429854642 是真的但在这个系统中不可证明。

9. 我告诉过你,那个逻辑学家是精确无误的,但是我从来没有告诉过你,他*知道*他是精确无误的! 如果他知道他是精确无误的,那么这个情形就会导致一个悖论！因而，真正由事实 1、2、3 推导出来的不是一个矛盾，而是这个逻辑学家本身尽管是精确无误的，却不知道他自己是精确无误的。

这个情形与哥德尔的另外一个定理——"*哥德尔第二不完全定理*"并非完全无关。简单地说，该定理陈述的是，对于拥有足够丰富的结构的系统（包括了在哥德尔最初的文章中谈到的那些系统）来说，如果这个系统是协调的，那么它不可能证明它自己的协调性。这是一个相当深刻的事实，我打算在这本书的续篇中进一步解释。

第17章

必死数和不朽数

在克雷格上一次看到麦卡洛克及弗格森之后又过了一段时间，一个临近傍晚的下午，他十分意外地遇到了麦卡洛克和弗格森，然后三个人高高兴兴地一起去吃饭。

"你知道吗?"麦卡洛克在饭后说，"有一个问题已经困扰我好长一段时间了。"

"是什么问题呢?"弗格森问道。

"哦，"麦卡洛克回答说，"我已经研究了几台机器，而在每一台机器上我都会遇到一个相同的问题：某些数是可以接受的而且其他的都不可接受。现在，假设我把一个可接受的数 X 送入机器。X 生成的数 Y 要么是不可接受的，要么是可接受的。如果 Y 是不可接受的，那么运行过程终止，而如果 Y 是可接受的，那么我就把 Y 送回这台机器中，看看由 Y 生成的数 Z 是哪一个数。如果 Z 是不可接受的，那么运行过程终止，而如果 Z 是可接受的，我就继续把它送回这台机器，所以运行过程就会至少再持续一个周期。我不断重复这个操作，这样就有两种可能：一是我最终得到一个不可接受的数；二是这个过程永远进行。如果是前者，那么我称 X 对于我们正在讨论的机器是一个必死数，而如果是后者，那么我称 X 是一个不朽数。当然，一个给定的数也许对于一台机器来说是必死的而对于另一台机器来说是不朽的。"

"让我们考虑一下你的第一台机器,"克雷格说,"我倒是能够想到大量的必死数,但是你能够给我一个不朽数的例子吗?"

"显而易见,323 就是一个不朽数。"麦卡洛克回答说,"323 生成它自己,所以如果把 323 放进这台机器,出来的还是 323。我再把 323 放进去,再一次出来的还是 323。所以在这种情况下,运行过程显然永远不会终止。"

"噢,当然! 还有别的不朽数吗?"克雷格笑着说。

1

"哦,"麦卡洛克反问道,"你说 3223 这个数怎么样呢? 它是必死的,还是不朽的?"

2

弗格森问道:"32223 怎么样呢? 它对于你的第一台机器来说是必死的,还是不朽的?"

麦卡洛克想了一小会儿,然后回答说:"噢,这并不太难搞定。我认为你也许会喜欢自己试着解决它。"

3

"你也可以试试 3232 这个数。"麦卡洛克说,"这个数是必死的,还是不朽的?"

4

"32323 怎么样呢? 它是必死的,还是不朽的?"克雷格问道。

5

"这些都是好问题!"麦卡洛克说,"但是我还没有切入正题。我的一个朋友已经制造了一台相当复杂的数字机器,他断言这台机器能够做任何机器所能够做的任何事情,他把它称为*万能机器*。现在,有几个数,他和我都不能够判断它们是必死的还是不朽的,而我就想设计某种纯粹机械化的测试来判定哪些数是必死的以及哪些数是不朽的,可是迄今为止我都没有成功。特别要说的是,我正在试图找到一个数 H,使得对于任意的可接受的数 X,如果 X 是不朽的,那么 HX 是必死的,而如果 X 是必死的那么 HX 是不朽的。如果我能够找到这样一个数 H，那么我就可以判定任意一个可接受的数 X 是必死的还是不朽的。"

"找到这样一个 H 之后，你要如何做到那一点呢？"克雷格问道。

"如果我有了这样一个数 H，"麦卡洛克回答说，"我就会首先照着我朋友的机器制造一个复制品。然后，给定任意的可接受的数 X，我就会把 X 送入其中的一台机器，与此同时我的朋友就会把 HX 送入另一台机器。这两个过程中有且只有一个会终止。如果第一个过程终止，那么我就会知道 X 是必死的，而如果第二个过程终止，那么我就会知道 X 是不朽的。"

"实际上你不一定要制造第二台机器。"弗格森说，"你可以轮流执行这两个过程的各个阶段。"

"是的，"麦卡洛克回答说，"但是由于我还没能找到这样一个数 H，所有这一切都是假设。这台机器也许*不能够*解决它自己的死亡问题，也就是说，也许实际上没有这样的数 H 存在。反之，也许我只是一直不够聪明才没有找到它。这就是我想要向你们二位专家请教的。"

"哦，"弗格森回答说，"我们必须知道这台机器的规则。这些规则都是什么样的呢？"

麦卡洛克开始说起这些规则："有 25 条规则。最前面两条和我的第一台机器的最前面两条是一样的。"

"稍等片刻！"弗格森说，"你说的是你朋友的机器遵守你的规则 1 和规则 2 吗？"

"是的。"麦卡洛克回答说。

"哦，那就可以搞定这个问题了！"弗格森回答说，"没有一个遵守规则 1 和规则 2 的机器能够解决自己的死亡问题！"

克雷格问道："你怎么能这么快就得出结论呢？"

"噢，这对于我来说并不新鲜。"弗格森回答说，"前一段时间，在我自己的工作当中出现过一个类似的问题。"

弗格森是怎么知道没有一个遵守规则 1 和规则 2 的机器能够解决它自

已的死亡问题的呢?

解答

1. 我们可以回想起 3223 生成 23223,以及 23223 理所当然生成 3223。所以,我们有 3223 和 23223 这两个数,它们彼此生成对方。所以,它们都是不朽的:把它们当中的一个放进这台机器,然后出来的是另外一个;把第二个数放回这台机器,然后出来的是第一个。这个过程显然永远不会终止。

2. 对于任意两个数 X 和 Y,如果要么 X 生成 Y,要么 X 生成某个生成 Y 的数,要么 X 生成的数再生成一个数再生成……最终生成 Y,那么我们就说 X 导致 Y。换一种说法就是,如果我们以输入 X 为开始,在某个阶段得到 Y,那么我们就说 X 导致 Y。举例来说,22222278 导致 78——事实上这需要六步。更为普遍的是,如果 T 是由若干个 2 组成的任意字符串,那么对于任意的数 X 来说,TX 导致 X。

现在,32223 不能生成它自己,但是它导致它自己,因为它生成 2232223,2232223 继而生成 232223,232223 反过来生成 32223。既然 32223 导致它自己,它就一定是不朽的。

读者也许已经注意到下面这个更为普遍的事实:对于完全由 2 构成的任意数 T 来说,$3T3$ 这个数必定导致它自己,因此它必定是不朽的。

3. 我知道有一个办法可以解决这个问题:只要证明"对于完全由 2 构成的任意数 T 来说,$3T32$ 这个数是不朽的"这个普遍的事实,就能得出 3232 是不朽的。而这个普遍的事实还可以引申出一个更普遍的原则,它将帮助我们解决下一个问题。

假设我们有一个数的类(这个类是有穷的还是无穷的无关紧要),其中的每一个元素都导致同类的某一个元素(可能是它自己也可能是其他的元素),那么这个类的每一个元素必定都是不朽的。

为了在本题当中应用这个原则,让我们来考虑所有形为 $3T32$(其中 T 是一个由若干个 2 组成的字符串）的数组成的类。我们将证明 3T32 当中的任意一个元素必定导致这个类的另一个元素。

让我们首先考虑 3232 这个数。它生成 32232，后者也是这个类的元素。32232 生成哪一个数呢？它生成 2322232，2322232 反过来生成 322232，而 322232 也是这个类的一个元素。322232 生成哪一个数呢？它生成 223222232，而 223222232 生成 23222232，23222232 生成 3222232，所以我们又回到这个类之中。更为普遍的是，对于任意由 2 组成的字符串 T 来说，32T32 生成 T322T32，T322T32 导致 322T32，而 322T32 又是这个类的一个元素。所以这个类的所有元素都是不朽的。

4. 32323 这 个 数 生 成 3232323，3232323 生 成 32323232323，而 32323232323 生成 3232323232323232323。这里的生成模式应该是显而易见的：由重复任意次的 32 后面跟着一个 3 构成的任意数生成这种形式的另外一个数（事实上是一个更长的数），因此所有这样的数都是不朽的。

5. 我们首先可以观察到下面的事实。假设 X 和 Y 是满足 X 生成 Y 的两个数，那么如果 Y 是必死的，那么 X 必定也是必死的，因为如果 Y 在第 n 步导致一个不可接受的数 Z，那么 X 就会在第 n+1 步导致 Z。另外，如果 Y 是不朽的，那么它永远都不会导致一个不可接受的数，又由于 X 能够导致一个数的唯一方式是通过 Y，从而 X 就不可能导致一个不可接受的数。所以如果 X 生成 Y，那么 X 的死亡性就和 Y 的死亡性是相同的，也就是说，它们要么都是必死的要么都是不朽的。

现在，考虑任意一台至少遵守规则 1 和规则 2（可能还有其他规则）的机器。取任意的数 H。我们知道根据规则 1 和规则 2，必定有一个数生成 HX（事实上，我们可以回想起来 H32H3 就是这样一个数）。既然 X 生成 HX，那么 X 和 HX 要么都是必死的要么都是不朽的（正如我们在上面一段当中证明的那样）。所以不可能有一个数 H，使得对于每一个 X 来说，X 和 HX 当中的一个数是必死的而另一个是不朽的，因为对于 X = H32H3 这个特别的数来说，实际情况不会是 X 和 HX 当中的一个数是必死的而另一个是不朽的。因此,所有遵守规则1和规则2的机器都不可能解决它们自己的死亡性问题。

可以说,对于任意一个遵守规则1和规则4的机器,或者甚至对于任意一个遵守麦卡洛克定律的机器来说,上面的性质同样成立(顺便说一句,这整个问题和著名的图灵机停机问题紧密相关,而后者的答案也是否定的)。

第18章

永远无法制造出来的机器

在上一次相聚后不久的一个午后，克雷格安静地坐在书房里面。一阵微弱的敲门声传来。

"请进，霍夫曼夫人。"克雷格对女房东说道。

"先生，有一位举止疯狂且相貌古怪的先生想要见你。"霍夫曼夫人说，"他声称他马上就要见证有史以来最伟大的数学发现了！他说你一定会对此极其感兴趣，并且坚持要立即见到你。我应该怎么办呢？"

"哦，"克雷格谨慎地回答说，"你可以把他叫过来。我现在有大概半个小时的空闲时间。"

不一会儿，克雷格的书房门突然打开，一个心烦意乱而且怒火冲天的发明家（他应该是个发明家）飞一般地冲进了这间屋子，然后把他的公文包扔到旁边的一个沙发上，挥动双手，绕着屋子疯狂地跳起舞来，嘴里喊道："尤里卡！尤里卡！我就要找到它啦！它会让我成为有史以来最伟大的数学家！哎呀，欧几里得（Euclid）、阿基米德（Archimedes）、高斯（Gauss）的名字都会变得无足轻重！牛顿（Newton）、罗巴切夫斯基（Lobochevski）、鲍耶（Bolyai）、黎曼（Riemann）……"

"喂，喂，你究竟发现了什么？"克雷格打断了他，用平静而坚定的语气询问道。

"我还没有完全发现它,"那个陌生人用略微克制的语调回答道,"但是我快要发现它了,一旦我发现它,我就会成为史上最伟大的数学家! 哎呀,伽罗瓦(Galois)、柯西(Cauchy)、狄利克雷(Dirichlet)、康托尔(Cantor)……"

克雷格打断他:"够啦! 请告诉我你试图要找的东西究竟是什么。"

"试图要找?"那个陌生人脸上带着几分受伤的神情说道,"哎呀,我告诉你,我差不多已经找到它了! 一个能够解决*所有*数学问题的万能机器! 哎呀,有了这台机器,我就会变得无所不知! 我就能够……"

"啊,莱布尼茨的梦想!"克雷格说道,"莱布尼茨也曾经有过这样一个梦想,但是我怀疑这个梦想是否可以实现。"

"莱布尼茨!"那个陌生人不无鄙夷地说道,"莱布尼茨! 他只是不知道如何实现它罢了! 但是我实际上已经有了这样一台机器! 我现在只需要再补充一些细节——不过在这里,还是让我给你一个具体的例子来看看我探寻的东西是什么吧。"

"我正在寻找一台机器 M,"陌生人(后来才知道他的名字叫沃尔顿)解释说,"它具备某些性质。首先,你把一个自然数 x 放进这台机器,再放进一个自然数 y,然后这台机器开始运算,最后出来一个自然数。我们就把最后出来的那个自然数叫作 $M(x,y)$。所以 $M(x,y)$ 就是把 x 作为第一个数,把 y 作为第二个数输入之后,在输出端得到的数。"

克雷格说:"到现在为止我都能听懂。"

"嗯,然后,"沃顿继续说道,"我将使用数这个词来表达*正整数*的意思,因为正整数是我唯一关注的数。或许你知道,如果有两个数要么都是偶数,要么都是奇数,我们就说它们具有相同的奇偶性,如果它们当中有一个是偶数而另一个是奇数,我们就说它们具有不同的奇偶性。"

"对于每一个 x,令 $x^\#$ 为数 $M(x,x)$。现在,有三个性质是我希望我的机器所具备的。"

性质 1:对于每一个数 a,存在一个数 b,使得对于每一个数 x,$M(x,b)$ 和 $M(x^\#,a)$ 具有相同的奇偶性。

性质2：对于每一个数 b，存在一个数 a，使得对于每一个 x，$M(x,a)$ 和 $M(x,b)$ 具有不同的奇偶性。

性质3：存在一个数 h，使得对于每一个 x，$M(x,h)$ 和 x 具有相同的奇偶性。

"这就是我希望我的机器所具备的那三个性质。"沃尔顿总结道。

克雷格探员考虑了一段时间。

"那么你的问题是什么呢？"他最后问道。

"唉，"沃尔顿回答说，"我已经制造了拥有性质1和2的一台机器，拥有性质1和3的另一台机器，以及拥有性质2和3的第三台机器。所有这些机器的运行都很理想——实际上，这些机器的设计图纸都在我的那个公文包里装着——但是当我试图要把这三个性质都放到一台机器上的时候，就会出现问题！"

"究竟是出现了什么问题呢？"克雷格问道。

"哎呀，机器根本就不能运转起来！"沃尔顿带着绝望的神情叫道，"当我把一对数 (x,y) 放进去的时候，我并没有获得一个输出，而是听到一阵奇怪的嗡嗡声，有点像哪里短路了。你知道这是为什么吗？"

"哦，哦，"克雷格说道，"这就是我不得不考虑的一件事情。现在我必须出去处理一个案子，不过你可以留下你的名片，如果你没有名片的话就留下你的姓名和地址，我会告知你是否能够解决这个问题。"

几天过后，克雷格探员写了一封信给沃尔顿，开头是这样写的：

亲爱的沃尔顿先生：

感谢你的来访以及你让我注意到你正在试图制造的那台机器！坦白地说，我不能够完全明白即便你真的造出了这样一台机器，它怎么能够解决所有数学问题。毫无疑问的是，你比我更了解这件事情。然而更重要的是，我必须告诉你，你的计划更像在试图制造一台永动机，而永动机是根本无法制造出来的！实际上，你的情形甚至更糟，因为永动机尽管在这个物理世界中是不可能造出来的,但在逻辑上并不是不可能的,然而你打算制造的这台机器不只是在物理上不可能造出来,而且在逻辑上也是不可能实现的,因为你提到的那三个性质中隐藏着一个逻辑矛盾。

克雷格的信接下来解释了究竟为什么在逻辑上不可能存在这样一台机器。你能够明白为什么吗?

把这个问题的解答分解为三个步骤对于我们将是有帮助的:

(1)证明对于拥有性质1的任意机器,对于任意的数a,必定至少有一个数x,使得$M(x,a)$和a具有相同的奇偶性。

(2)证明对于拥有性质1和2的任意机器,对于任意的数b,有一个数x,使得$M(x,b)$和x具有不同的奇偶性。

(3)没有一台机器可以同时具有性质1,性质2以及性质3。

解答

(1)考虑一台具备性质1的机器。取任意数a。根据性质1,有一个数b使得对于每一个x,$M(x,b)$和$M(x^\#,a)$具有相同的奇偶性。特别的是,在取x为b的情况下,$M(b,b)$和$M(b^\#,a)$具有相同的奇偶性。然而,$M(b,b)$就是$b^\#$这个数,所以$b^\#$和$M(b^\#,a)$具有相同的奇偶性。所以,当我们令x为$b^\#$这个数的时候,我们就会看到$M(x,a)$和x具有相同的奇偶性。

(2)现在考虑任意一台具备性质1和性质2的机器。取任意数b。根据性质2,有某个数a使得对于每一个x,$M(x,a)$和$M(x,b)$具有不同的奇偶性。而根据性质1,正如我们在(1)中证明的那样,至少有一个x使得$M(x,a)$和x具有相同的奇偶性。对于这样一个x来说,因为x和$M(x,a)$具有相同的奇偶性,而$M(x,a)$和$M(x,b)$具有不同的奇偶性,那么x必定和$M(x,b)$具有不同的奇偶性。

(3)再一次考虑一台具备性质1和性质2的机器。取任意数h,把(2)中的"b"替换为"h",则至少有一个x使得$M(x,h)$和x具有不同的奇偶性。因此,不可能对于所有的数x来说,$M(x,h)$都和x具有相同的奇偶性。换句话说,性质3不可能成立。因此,性质1、性质2以及性质3是"不共可能的"[用的是比尔斯(Ambrose Bierce)①的趣味措辞]。

注解:沃尔顿的机器的不可能性和塔尔斯基定理(第15章)是紧密相关的,而且也不难根据同一个论证方法来证明那个定理以及这台机器的不可能性。

---

① 比尔斯是美国一名出色的讽刺作家,著名的《魔鬼辞典》的作者。"incompossible"这个词就出现在那本书里。——译者

第19章

莱布尼茨的梦想

　　弗格森和沃尔顿一样,正在以自己独特的方式制造某种东西,如果成功,就可以实现莱布尼茨的一个最为狂热的梦想。莱布尼茨设想过可能制造一台能够解决所有数学问题以及所有哲学问题的计算机!撇开哲学问题不谈,甚至只是对于数学问题来说,莱布尼茨的梦想也是不可行的。这一点可以由哥德尔、罗瑟(Rosser)、丘奇尔、克莱尼、图灵、波斯特的那些结果推导出来,而我们现在就要来谈论他们的相关工作。

　　有一种类型的计算机,它的功能在于进行正整数的数学运算。对于这样的一台机器,你送入一个数 x（输入）,就会出来一个数 y（输出）。举例来说,你能够轻易地设计一台机器（固然并不是一台非常有趣的机器）,使得无论何时送入一个数 x,出来的就是 $x+1$。这样一台机器可以说是在 *执行*“加1”运算。或者我们有一台机器可以对两个数执行运算,比如加法运算。对于这样一台机器,你首先送入一个数 x,再送入一个数 y,然后你按一下按钮,过一会儿,出来的就是数 $x+y$（当然,这样的机器应该有一个专业名称——它们被叫作 *加法机*）。

　　有另外一种类型的机器,它们可以被叫作 *生成机* 或者 *枚举机*,在我们将要采取的方法（它遵循波斯特的理论）中扮演一个更为基础的角色。这样的一台机器不需要任何输入,它只是按照程序生成一个正整数的集合。比如,我们可以有一台机器用以生成偶数集,另一台机器用以生成奇数集,还有一台机器用以生成素数集,诸如此类。对于一台生成偶数集的机器来说,一个典型的程序可以像下面这样运行。

我们给这台机器两条指令:(1)打印出数2;(2)一旦打印出一个数n,就会再打印出$n+2$(你也可以制定一些规则,使机器按照指令进行系统化运行,最终把所有*能够做*的事情全做了)。这样一个遵守指令(1)的机器迟早会打印出2,而在已经打印出2的情况下,根据指令(2),它迟早会打印出4,而再一次根据指令(2),已经打印出4就使得它迟早会打印出6,然后是8,然后是10,以此类推。这台机器于是就会生成偶数集(如果没有进一步的指令,它就永远都不会打印出1,3,5或者任何一个奇数)。当然,为了编制一台机器的程序让它生成奇数集,我们仅仅需要把第一条指令改为:"打印出1。"有时候两台或者三台机器可以合并以使一台机器的输出可以被另一台机器利用。比如,假设我们有两台机器,a和b,并且如下编写它们的程序:对于a我们给出两条指令:"(1)打印出1;(2)只要机器b打印出n,就打印出$n+1$。"对于机器b我们仅仅给出一条指令:"(1)只要机器a打印出n,就打印出$n+1$。"a将生成什么集合? 同时b将生成什么集合? 答案是,a将生成奇数集而b将生成偶数集。

现在,我们不用中文[①]来描述一台生成机的程序,而是把这个程序编码为一个正整数(以数字字符串的形式),并且我们还可以妥帖地安排这种编码方法以使每一个正整数都成为某一个程序对应的编号。我们用M_n代表程序编号为n的那台机器[②]。我们现在把所有生成机排列成一个无穷序列$M_1,M_2,\cdots,M_n,\cdots$($M_1$是程序编号为1的那台机器,$M_2$是程序编号为2的机器,以此类推)。

---

① 原文当然是"English"。——译者
② 这里最好把一台生成机理解为一台搭载并且仅仅搭载一个明确的计算机程序的机器,以避免出现一台机器应对多少个程序这样含混不清的情况。——译者

对于任意的数集(其中的元素当然都是正整数)A 以及任意的机器 M,如果 A 当中的每一个数最终都被 M 打印出来,但是没有一个 A 之外的数被 M 打印出来,那么我们就说 M 生成 A,或者 M 枚举 A。如果至少有一台机器 M_i 枚举 A,那么我们就说 A 是可有效枚举的(另一个术语是可递归枚举)。如果有一台机器 M_i 枚举 A,且有另外一台机器 M_j 枚举所有不在 A 内的数,我们就说 A 是可解的(另外一个术语是递归的)。因而当且仅当 A 和它的补集 $\bar{A}$ 都是可有效枚举的时候,A 是可解的。

假设 A 是可解的,并且给定一台生成 A 的机器 M_i 以及一台生成 A 的补集的机器 M_j。于是我们可以运行一个程序用于判断任意的数 n 是在 A 里面还是在 A 之外。比如,假设我们希望知道 10 这个数是在 A 里面还是在 A 之外。我们让 M_i 和 M_j 这两台机器同时运行,然后等待。如果 10 位于 A 之中,那么 M_i 迟早会打印出 10,而我们就会知道 10 属于 A。如果 10 位于 A 之外,那么机器 M_j 迟早会打印出 10,而我们就会知道 10 不属于 A。所以我们终将知道 10 是属于 A 还是不属于 A(当然我们事先完全不清楚需要等待多长时间,我们只知道在某段有限的时间内我们将得到答案)。

现在,假设一个集合 A 是可有效枚举的但不是可解的。那么我们有一台能生成 A 的机器 M_i,但是我们没有机器可以生成 A 的补集。再一次假设我想知道一个给定的数,比如 10,在不在 A 里面。在这个情况下最好是让 M_i 这台机器运转起来然后满怀希望! 我们现在仅有 50% 的机会能够知道它的答案。如果 10 确实在 A 之中,那么迟早我们会得到答案,因为 M_i 迟早会打印出 10。然而,如果 10 不在 A 之中,那么 M_i 就永远不会打印出 10,但是无论我们等待多长的时间,我们都没有任何把握说 M_i 不会在接下来的某个时刻打印出 10。所以如果 10 在 A 之中,我们迟早都会知道它在 A 之中,但是如果 10 不在 A 之中,那么(只是通过观察 M_i 这台机器)我们永远都不能明确地知道它不在 A 之中。我们可以把这样的一个集合 A 叫作半可解的集合。

这些生成机的第一个重要特征是,可以设计一台所谓的万能机器 U,它的功能是系统地观察所有机器 $M_1, M_2, \cdots, M_n, \cdots$ 的行为,只要一台机器 M_x 打

印出一个数 y，U 就会报告这一个事实。它是怎样制作这个报告的呢？通过打印出一个数：对于任意的 x 和 y，我们再一次令 $x*y$ 为由 x 个 1 构成的字符串后面跟着 y 个 0 构成的字符串构成的那个数。我们给 U 一个重要的指令："一旦 M_x 打印出 y，U 便打印出 $x*y$。"

比如，假设 M_a 是生成奇数集的机器，而 M_b 是生成偶数集的机器。那么 U 将打印出 $a*1$，$a*3$，$a*5$，$a*7$，等等，以及 $b*2$，$b*4$，$b*6$，$b*8$，等等，但是 U 永远不会打印出 $a*4$（因为 M_a 永远不会打印出 4），也永远不会打印出 $b*3$（因为 M_b 永远不会打印出 3）。

现在，机器 U 本身也有一个程序，因而它也是可编程机器 M_1，M_2，$\cdots$，M_n，$\cdots$ 当中的一员。因而，有一个数 k 使得 M_k 恰恰就是 U 这台机器（将其纳入某个更为详尽的技术报告，便可知道数 k 是哪一个数）。

我们也许注意到了，这个万能机器 M_k 既观察和报告所有其他机器的行为，也观察和报告它自己的行为。所以无论何时 M_k 打印出了一个数 n，它必定还会打印出 $k*n$，从而也打印出 $k*(k*n)$，从而也打印出 $k*[k*(k*n)]$，诸如此类。

这些机器的第二个重要特征是，对于任意的机器 M_a，我们能够为一台机器 M_b 编制程序以让它打印出并且仅仅打印出那些对应于 M_a 打印出来的 $x*x$ 的数 x（M_b 可以说是在"监视" M_a，只要 M_a 打印出 $x*x$ 它就会依照指令打印出 x）。我们也可以用下面的方法对程序进行编码：对于每一个 a，$2a$ 是这样的一个数 b，它使得对于每一个 a，M_{2a} 打印出并且仅仅打印出那些对应于 M_a 打印出来的 $x*x$ 的数 x。假定已经用这种编码方法处理了所有程序，那么让我们把两个接下来将会被用到的基本事实记录在这里：

事实 1：这台万能机器 U 打印出并且仅仅打印出那些对应于 M_x 打印出来的 y 的数 $x*y$。

事实 2：对于每一个数 a，机器 M_{2a} 打印出并且仅仅打印出那些对应于 M_a 打印出来的 $x*x$ 的数 x。

　　我们现在就要进入中心议题:任何规范化的数学问题①都可以被翻译成形如一台机器 a 会不会打印出一个数 b 这种问题。也就是说,给定任意的规范化公理系统,人们能够为这个系统的所有句子指派哥德尔数,并且找到一个数 a,使得机器 M_a 打印出这个系统的所有可证明句子的哥德尔数,而不打印出其他任何数。因此为了弄清楚一个给定句子是不是在这个系统当中可证明,我们就取它的哥德尔数 b,然后观察机器 M_b 会不会打印出 b。所以,如果我们有某种有效的方法来判定哪些机器打印出哪些数,那么我们就能够有效地判定哪些句子在哪些系统当中可证明。这样一来也算是在某种意义上实现了莱布尼茨的梦想。另外,哪些机器打印出哪些数这个问题就可以划归为哪些数会被万能机器 U 打印出来这个问题,因为机器 M_a 是否打印出 b 这个问题等价于 U 是否打印出数 $a*b$ 这个问题。因而,对 U 的完全认识势必牵涉到对所有机器的完全认识,也就是对所有规范化数学系统的完全认识。相反,所有形如"一台给定机器是否打印出一个给定数"的这类问题都可划归为形如"一个给定句子是否在某个数学系统当中可证明"这样的问题,因此对于所有规范化的数学系统的完全认识就意味着对于这个万能机器的完全认识。

　　令 V 为万能机器 U 打印出来的数的集合(这个集合 V 有时被叫作万能集合)。那么,关键问题就是:集合 V 是可解的还是不可解的? 如果是可解的,那么莱布尼茨的梦想就会实现;如果不是可解的,那么莱布尼茨的梦想就永远不可能实现。既然 V 是可有效枚举的(它是由机器 U 生成的),那么这个问题就归结为是否有一台机器 M_a 打印出 V 的补集 $\bar{V}$。也就是说,是否有一台机器 M_a 打印出并且仅仅打印出那些不能被 U 打印的数? 这个问题可以仅仅基于事实1和事实2这两个上面给定的条件得到确切的回答。

　　定理 L:集合 $\bar{V}$ 不是可有效枚举的:给定任意的机器 M_a,要么 $\bar{V}$ 当中有某

---

① 注意这里是"规范化数学问题"而不只是"数学问题"。作者所谓的"规范化数学问题"是指,给定一个数学公理系统,判断这个系统当中的一个句子是否在这个系统当中可证明这种问题。——译者

个数是 M_a 无法打印的，要么 M_a 至少可打印一个属于 V 却不属于 $\bar{V}$ 的数。

你知道怎样证明定理 L 吗？取一个特殊情形，假设我们作出的断言是机器 M_5 枚举 $\bar{V}$。为了反驳这个断言，只需要给出一个数 n，并且证明要么 n 属于 $\bar{V}$ 而 M_5 不会打印 n，要么 n 属于 V 而 M_5 打印了 n。你能够找到这样一个数 n 吗？

我现在就能给出这个问题的解，而不需要等到本章结尾才这么做。这个解实际上又一次使用了哥德尔的论证方法。

取任意数 a。根据事实 2，对于每一个数 x，当且仅当 M_{2a} 打印 x 时，M_a 打印出 $x*x$。但是，根据事实 1，当且仅当万能机器 U 打印 $2a*x$ 时，或者换一种说法，当且仅当 $2a*x$ 在集合 V 之中时，M_{2a} 打印 x。因而，当且仅当 $2a*x$ 在 V 之中时，M_{2a} 打印 $x*x$。特别地，取 x 为 $2a$，当且仅当 $2a*2a$ 在 V 之中时，M_a 打印数 $2a*2a$。所以下列情况之一为真：（1）M_a 打印数 $2a*2a$ 而且 $2a*2a$ 在 V 之中，（2）M_a 不打印 $2a*2a$ 而且 $2a*2a$ 在 $\bar{V}$ 之中。如果（1）成立，那么 M_a 打印出这个不在 $\bar{V}$ 之中而在 V 之中的数 $2a*2a$，这就意味着 M_a 不能生成集合 $\bar{V}$，因为它至少打印出一个不在 $\bar{V}$ 之中的数，这里是 $2a*2a$。如果（2）成立，那么 M_a 仍不会生成集合 $\bar{V}$，因为数 $2a*2a$ 在 $\bar{V}$ 之中但是不会被 M_a 打印。所以在这两种情形中，M_a 都不会生成集合 $\bar{V}$。既然没有一台机器能够生成 $\bar{V}$，集合 $\bar{V}$ 就不是可有效枚举的。

当然，对于 $a = 5$ 这一个特殊情形而言，数 n 就是 $10*10$。

现在，这一切对于莱布尼茨的梦想有何意义呢？严格地说，人们不可能证明或者反驳莱布尼茨的梦想的可行性，因为莱布尼茨的梦想并没有以一种精确的形式陈述出来。实际上，在莱布尼茨的时代并不存在一个对于"计算机"或者"生成机"的精确概念。这些概念只是在 20 世纪才得到了严格的定义。对于这些概念，哥德尔、埃尔勃朗（Herbrand）、克莱尼、丘奇尔、图灵、波斯特、斯穆里安、马尔科夫（Markov）以及其他许多人已经给出了许多不同的定义，但是所有这些定义都已经被证明是等价的。如果"可解"的意思是根据这些等价定义中的任意一个定义而可解的，那么莱布尼茨的梦想就是不可行的,因为一个简单的事实是,我们能够使用某种方法对这些机器进行编号以使事实 1 和事实 2 都成立,然后根据定理 L,万能机器生成的集合不是可解的,它只是半可解的。因而,没有一个纯粹"机械化的"程序可以用来弄清楚哪些句子是在哪些公理系统中可证明的,而哪些句子不可证明。所以,任何试图发明一台聪明的"机械装置"来为我们解决所有数学问题的努力注定会失败。

在逻辑学家波斯特那段预言性的话(1944 年)中,这个告诫意味着数学思考本质上是,并且必定继续是创造性的。或者,在数学家罗森布鲁姆那段富于机智的评论中,这个告诫意味着人永远不能够消除使用自己的智力的必要性,不管他如何机智地尝试进行这种消除工作。